미래가 보이는 수학 상점

간단한 수학으로 이해하는 미래과학 세상

미래가 보이는
수학 상점

김용관 지음

MATH ★ IDEA ★ SHOP

다른

들어가며

신비한 수학 실험이 있는
상점으로 오세요

세상에는 궁금한 것이 참 많습니다. 그중 하나는 '미래'입니다. 미래에는 로봇이 정말 인간보다 똑똑해질까요? 외계인과 지구인이 만나 함께 살아갈까요? 인공지능이 등장하면서 우리가 새로운 경험을 얼마나 많이 하게 되었는지 여러분도 잘 알고 있을 겁니다. 미래에 어떤 변화가 있을지 상상하는 일은 설렘과 흥분을 안겨 줍니다. 그래서 미래 사회를 배경으로 한 SF가 인기 있는 거겠죠.

그럼 어떻게 하면 미래를 잘 예측할 수 있을까요? 우리가 타임머신을 타고 시간 여행을 할 수는 없잖아요. 저는 미래를 내다보는 능력과 창의력, 사고력을 키우는 가장 좋은 방법이 '수학'에 있다고 생각합니다.

역사를 보면, 과학과 수학은 서로를 빚으며 발전해 왔습니다. 수학은 과학의 언어였고, 과학은 수학의 자양분이었습니다. 그래서 저는 과학을 수학의 언어로 곰곰이 생각해 봤습니다. 새로운 과학기술이 어떤 사건을 일으킬지, 그 사건은 수학과 어떻게 영향을 주고받을지 상상해 본 거죠. 아주 흥미진진하고 재미있었습니다.

이 책의 이야기는 매스아이디어숍Math Idea Shop이라는 가상의 상점을 무대로 펼쳐집니다. 어려운 수학 문제에 맞닥뜨린 손님들에게 전하는 10가지 수학 이야기는 모두 중학교 교과서에 나오는 개념이지만, 조금 독특합니다. 책에는 양수와 음수, 음수의 연산, 대수 문자, 차원의 정의와 식, 좌표계, 2진법과 연산, 0으로 나누기, 확률의 크기, 경우의 수, 함수의 정의가 등장합니다. 모두 어렵지 않고 익숙한 수학이죠? 수학 상점에서는 이러한 수학의 기초를 발판 삼아 틀을 깨는 자유로운 '수학 실험'을 시도합니다. 예를 들어, 음수인 길이나 질량이 존재할 수 있을까요? 0을 +0과 −0으로 구분한다면요? 1보다 큰 확률이 존재한다면 어떻게 될까요? 매스아이디어숍의 주인은 새로운 수학을 활용해 미래 사회의 중요한 변수가 될 과학기술의 원리를 들여다봅니다. 암흑에너지, 대칭, 엔트로피, 차원, 메타버스, 반도체, 블랙홀, 유전자 가위, 인공지능, 머신러닝 등이죠. 더 나아가 하늘을 날아다니는 보드, 노화를 막는 캡슐, 오류가 없는 계산기 등 미래에 등장할 발명품까지 상상해 봅니다.

뭐 그런 수학이 다 있냐고요? 지금은 일상에서 익숙한 분수나 소수, 음수도 한때는 이해하기 어려운 이상한 수였습니다. 과거 사람들은 1, 2, 3 같은 자연수가 아닌 수를 잘 받아들이지 못했어요. 수학은 세상을 이끌기도 하고 세상의 영향을 받기도 하며 변화한

학문입니다. 미래에도 마찬가지입니다. 과학은 우리가 지금껏 경험하지 못한 세상을 만들어 갈 테고, 그 세상에서는 기존의 수학으로는 풀지 못하는 상황이 닥칠지 모릅니다. 수학을 무작정 외우려고 하기보다, 그 원리를 다양한 관점에서 유연하게 생각하는 힘이 중요한 이유입니다.

수학에서는 창의적인 사고력을 강조합니다. 기존에 없는 방식으로 문제를 풀어가는 게 중요하다고 말하죠. 교과서에 나오는 수학을 그대로 받아들이기만 해서는 창의적인 사고력을 발휘하기 어렵습니다. 사고력을 높이기 위한 가장 좋은 공간은 현재가 아니라 미래입니다. 새로운 문제가 득실거리는 미래가 창의적인 사고력의 토대입니다.

머리 모양을 살짝만 바꿔도 다른 사람이 되듯이, 생각을 조금만 바꾼다면 여러분도 얼마든지 수학자처럼 수학의 세계를 탐구해 볼 수 있습니다. 이 책이 독자 여러분에게 상상하는 즐거움과 생각하는 재미를 줄 수 있었으면 좋겠습니다.

차례

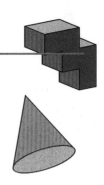

"미래에 필요한 수학을 판매합니다!"

안녕하세요. 세계 유일한 수학 상점의 주인장입니다. 수학 아이디어를 판매하는 게 저의 일이랍니다. 수학에 막혀, 인생도 막혀 버린 분에게 딱 맞는 수학을 제공하죠. 제가 아주 잘 나가던 수학자였거든요.

찾는 사람이 있을지 걱정이라고요?
디지털 시대에는 수학이 필수라는 사실! 머리카락을 쥐어뜯으며 수학을 찾아 헤매는 분들, 은근히 많답니다.

저기, 보세요. 손님이 문을 열고 빼꼼 얼굴을 내밀잖아요.
"어서 오세요. 무슨 수학 때문에 고민인가요?"

수학이 여는 새로운 차원

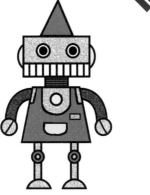

-10kg 같은 음수 질량 + 암흑에너지

-10m 같은 음수 길이 + 대칭

0보다 작은 변화량 + 엔트로피

소수 차원의 도형 + 차원

소수 차원의 좌표계 + 메타버스

-10kg 같은 음수 질량
암흑에너지

상점에 들어가기 전에

× 양수(+)와 음수(−)

양수는 0보다 큰 수고, 음수는 0보다 작은 수다. 그런데 0보다 작다고 해서 아무것도 없는 크기보다 작다고 생각하면 큰일 난다. 수직선에서 0보다 더 왼쪽에 있다는 뜻일 뿐이다. 양수와 음수 모두 크기를 갖지만, 성질은 서로 반대다. 그래서 두 가지 수는 이익과 손해, 지상과 지하처럼 상반된 성질을 갖는 크기를 멋지게 표현해 준다.

× 비례($y=ax$)와 반비례($y=\dfrac{a}{x}$)

x가 2배, 3배가 될 때 y도 2배, 3배가 되면, x와 y는 비례 관계에 있다. 반대로 y가 $\dfrac{1}{2}$ 배, $\dfrac{1}{3}$ 배가 된다면, x와 y는 반비례 관계다. "x가 커질 때 y가 커지느냐 작아지느냐"가 기준이 아니다. $y=-2x$는 비례 관계이지만, x가 커짐에 따라 y는 오히려 작아진다. $y=\dfrac{-2}{x}$ 는 반비례 관계이지만, x가 커지면 y도 따라서 커진다. (a가 음수인 경우) 비례 관계이지만 y가 작아질 수 있고, 반비례 관계이지만 y가 커질 수도 있다.

× 암흑에너지

우주를 이루고 있는 에너지의 형태로, 과학자들은 그 정체가 전혀 밝혀지지 않아 암흑에너지dark energy라고 부른다. 우주는 갈수록 더 빠르게 팽창하는 것으로 관측되었다. 끌어당기는 힘인 중력의 효과를 감안하면, 예상 밖의 현상이다. 암흑에너지는 우주를 가속 팽창하게 하는 힘으로서 제시된 개념이다. 직접적인 증거가 발견되지 않았기에, 아직 상상의 개념이기도 하다.

○ ○ ○

오늘은 '이상한' 물질이 고민이라는 고객이 매스아이디어숍을 방문했다. 손때 묻은 청바지에 하얀색 티셔츠가 묘하게 잘 어울리는 남학생이었다. 간판을 보고 궁금해서 와봤다는 그 학생은 문을 빼꼼 열더니 뭐 하는 곳이냐고 물었다. 그래서 나는 고객이 원하는 수학 아이디어를 파는 곳이라고 소개해 주었다. 학생은 상점 이름을 보고 짐작하기는 했지만 그래도 신기하다며 말을 이어 갔다.

"저는요, 학교에 다니지만 자유롭게 공부하며 지내요. 요즘에는 이상한 물질에 푹 빠져 있어요."

"이상한 물질이요? 그게 뭔데요?"

"어? 모르시네요. 보통 물질과는 성질이 반대인 물질이에요. 거기 있는 공 좀 주세요. 앞에서 손으로 툭 치면 어느 방향으로 움직일까요?"

"당연히 뒤로 움직이겠죠."

"맞아요. 보통 물질은 다 그래요. 힘의 방향으로 움직이죠. 그런데 이상한 물질은 안 그래요. 툭 치면 뒤로 가는 게 아니라 앞으로 더 다가와요."

이건 무슨 소리인가 싶어서 그런 물질이 진짜 있냐고 되물었다. 미국의 물리학자들이 얼마 전 실제로 발견한 물질이라고 학생은 대답해 주었다. 직접 보면 신기하고 이상할 것 같았다.

"거기에서 수학이 문제될 게 있나요?"

"제 생각에는 그 이상한 물질이… 암흑에너지일 것 같아요. 보통 물질은 서로를 끌어당기잖아요. 하지만 그 물질은 이상하니까, 물질을 밀어내는 거죠. 밀어낸다는 것은 서로 멀어지는 거잖아요. 공간이 커지는 것과 같죠. 그게 바로 우주를 팽창시키는 힘인 암흑 에너지 아니겠어요?"

그 말을 듣는 순간 심장이 쿵쿵 뛰었다. 그럴싸한 아이디어였다. 퍼즐이 맞아떨어질 때의 짜릿함이 머리끝까지 퍼졌다.

"그래서요?"

"그 생각을 과학 아이디어 공모전에 내보려고요. 그러려면 이상한 물질의 질량이나 움직임을 수식으로 깔끔하게 설명해야 해요. 보통 물질과 구분해서요. 근데 그걸 잘 못하겠어요! 보통 물질과 달리 표현하자니 복잡해지고, 똑같이 표현하자니 구분이 되지 않는 거예요. 수학에 가로막혀 있어요."

기존의 과학은 보통 물질의 질량만을 다룬다. 이상한 물질이 끼어들 만한 틈새가 전혀 없다. 그렇기에 새 아이디어가 필요했다. 주어진 수학을 써먹기만 해온 그 학생에게는 버거운 일이었다. 내가 나서야 할 타이밍이었다.

물체가 힘의 방향으로
움직인다는 상식

물체의 질량은 다양하다. 세계에서 가장 가벼운 포유동물인 에

트루리아 뾰족뒤쥐는 약 1.8그램이다. 같은 포유류인데도 대왕고래는 약 170톤에 달한다. 물질을 구성하고 있는 원자의 질량은 $1.66053904 \times 10^{-27}$ 킬로그램이다. 질량이 있다고 말하기 쑥스러운 수준이다.

가볍고도 가벼운 원자들이 수없이 결합하면 물체의 질량은 어마어마해진다. 태양의 질량은 1.98847×10^{30} 킬로그램 정도다. 0의 개수가 자그마치 30개나 된다. 그 태양이 속해 있는 우리은하의 질량은 태양 질량의 1조 1,500억 배에 달한다. 물체의 질량이 그렇게 늘어나고 줄어들면서 우주에는 각양각색의 변화가 발생한다.

질량은 달라도 모든 물체에는 공통점이 있다. 힘이 가해지는 방향으로 움직인다는 사실이다. 밀면 멀어지고, 당기면 가까워진다. 공중으로 던진 휴대전화나, 거센 비바람에 흩날리는 빗방울은 결국 땅으로 떨어지고야 만다. 지구가 끌어당기는 중력의 방향을 따라 움직이기 때문이다.

물체가 힘의 방향을 따라 움직인다는 지극히 상식적인 사실은, 뉴턴의 운동 법칙으로도 표현할 수 있다. 뉴턴은 '$f = ma$'라는 공식으로 운동 법칙을 정리했다. f는 힘의 크기인 force, m은 물체의 질량인 mass, a는 가속도인 acceleration의 첫 글자다. 가속도는 물체의 속도가 얼마나 빨라지는가를 말한다. 가속도가 (양으로) 클수록 물체의 속도는 갈수록 더 빨라지며, 가속도가 0이면 계속 똑같은 속도로 움직인다.

$f = ma$에서 힘의 크기는, 질량에 가속도를 곱한 크기와 같다.

이 식은 양쪽의 크기뿐만 아니라, 양쪽의 방향까지도 말해 준다. 힘 f와 가속도 a의 방향이 같다. 정리하자면, 물체는 언제나 힘의 방향대로 움직인다.

밀면 다가오는
이상한 물질의 등장

그런데 보통 물질과는 다른 움직임을 보이는 물질이 등장했다. SF 소설이 아니라 현실에서 말이다. 2017년에 미국의 물리학자들은 실험실에서 루비듐Rubidium이라는 물질을 차가운 온도에서 응축시켰다. 물리학자들이 그 루비듐을 회전시키면서 힘을 가해 봤더니 루비듐은 특이한 반응을 보였다. 보이지 않는 벽에 부딪혀 튕겨 나오는 것처럼 움직인 것이다. 이 물체는 밀면 멀어지는 게 아니라 오히려 더 가까워졌다. 보통 물질과는 다르게 힘의 반대 방향으로 움직이는 '이상한' 물질이었다.

그처럼 이상한 물질을 보통 물질과 똑같이 취급한다는 것은 논리적이지 않다. 1킬로그램의 물체라고만 하면 어떤 성질의 물체인지 구분할 수 없다. 물질 자체가 다양해졌기에 그에 따라 수학도 다양해지는 게 마땅하다. 보통 물질과 이상한 물질을 구별해서 표현해 주는 새로운 수학이 필요한 것이다.

음수의 질량이
존재할 수 있을까

정반대 성질을 갖는 대상을 표현하기에 딱 좋은 수학이 있다. 음수다. 음수는 절대적인 크기는 양수와 같지만 부호가 정반대인 수다. 음수에도 양수처럼 크기가 있지만 성질만 반대일 뿐이다. 예를 들어 −3은, 0을 기준으로 +3과 정반대 위치에 있다. 그렇기에 둘을 더하면 0이 된다. $(+3)+(-3)=0$. 100만 원의 이익은 +100만 원, 100만 원의 손해는 −100만 원으로 표현한다.

질량의 세계는 이제껏 양수였다(빛의 질량은 0으로 본다. 그렇기에 정확하게는 0과 양수였다). 우리는 수의 광활한 영토를 절반만 사용해 왔다. 그만큼 인류가 만든 수의 세계가 미완성이었다는 것을 수는 예전부터 알고 있었을 것이다. 인류가 질량의 세계를 절반밖에 알아내지 못했다는 사실을 말이다. 수의 세계는 양수만이 전부인 줄 알고 사는 인류를 비웃었을지 모른다.

힘의 방향과 반대로 움직이는 물질도 양수로 표현하는 것은 수학적이지 않다. 엄밀함을 추구하는 수학의 체면에 어울리지 않는 것이다. 사실 수학은 그런 물질을 표현할 수 있는 수를 이미 준비해 뒀다. 질량에 음수를 도입하면 된다.

음수인 질량, 굉장히 낯설고 어색할 것이다. 상상의 개념이지 실제 질량일 수는 없을 거라고 생각하기 쉽다. 늘 제자리로 돌아오는 오뚝이처럼, '질량' 하면 당연히 양수를 떠올리게 된다. 우리가 양수인 질량에 익숙해져 있기 때문이다.

　과거에 음수라는 개념을 처음 맞닥뜨린 사람들도 마찬가지였다. 사람들은 처음에 음수를 수로 받아들이기를 주저했다. 17세기의 천재 수학자 블레즈 파스칼Blaise Pascal도 0에서 4를 빼면 0이라고 하지 않았던가! 하지만 시간이 흐르면서 사람들은 음수를 자연스럽게 받아들이게 되었다. 그렇다면 음수 질량 역시 자연스러워지는 날이 곧 올 것이다.

　힘의 방향대로 움직이는 보통 물질의 질량을 '양의 질량', 힘의 반대 방향으로 움직이는 이상한 물질의 질량을 '음의 질량'으로 표현하자. 편의상 양의 질량을 가지는 물질을 '양의 물질', 음의 질량을 가진 물질을 '음의 물질'이라고 부르겠다.

　어떤 물체의 질량이 10킬로그램이라면, 힘의 반대 방향으로 움직이는 물체의 질량은 −10킬로그램이라고 생각해 보자. +와 −라는 기호를 사용하면, 정반대 성질을 보이는 물질의 질량을 간단히 표기할 수 있다.

운동 방향까지 알려 주는
음의 질량

음의 질량이 지닌 장점은 또 있다. 물체의 운동 상태까지도 정확하게 표현해 준다는 것이다. 뉴턴의 운동 법칙 $f = ma$는 양쪽의 크기만이 아니라 방향까지도 포함한다고 했다. 이 사실이 음의 물질에 대해서도 성립할까?

음의 물질은 힘의 방향과 반대 방향으로 움직인다. 힘의 방향이 +라면 가속도의 방향은 −, 힘의 방향이 −라면 가속도의 방향은 + 이다. 이런 실제 움직임이 $f = ma$라는 수식에서도 성립해야 한다.

$f = ma$에서 가속도 $a = \dfrac{f}{m}$ 이므로, 가속도 a는 힘의 크기 f에 비례한다. 힘의 크기가 클수록 가속도 또한 커지는 것이다. 그래서 세게 던질수록 공은 더 빨리 날아간다. 하지만 가속도와 물체의 질량은 반비례 관계에 있다. 질량 m이 분모에 있기 때문이다. 질량이 클수록 가속도는 작아지기에, 무거운 공일수록 빨리 던지기가 힘들다.

방향에 주목해 $a = \dfrac{f}{m}$를 살펴보자. 보통 물체는 m도 +이고 f도 +이기에, 가속도 역시 +가 된다. $a = \dfrac{f}{m} = \dfrac{+}{+} = +$. 힘의 방향과 가속도의 방향은 늘 일치한다. 그럼 음의 질량을 가진 물체는 어떨까? m은 −이고, f는 +이므로, 가속도의 부호는 −가 된다. 즉 $a = \dfrac{f}{m} = \dfrac{+}{-} = -$ 이다.

음의 질량을 가진 물체에서는, f가 +이면 a는 −가 된다. 가속도가 −라는 것은, 가속도의 방향이 힘의 방향과 반대라는 뜻이다. 수식의 이 결과는, 음의 질량을 가진 물체의 실제 움직임과 정확하게 일치한다. 밀면 다가오고 당기면 멀어지는 움직임 말이다. 따라서 $f = ma$라는 법칙은 음의 질량을 가진 물체의 운동 방향에 대해서도 여전히 성립한다. 음의 질량 덕분이다.

만약 힘의 반대 방향으로 움직이는 물체의 질량도 +로 표현했다면 어떻게 될까? $a=\dfrac{f}{m}$ 에서 힘의 방향과 가속도의 방향이 늘 일치하는 결과만 나온다. 크기는 맞지만 수식의 방향과 실제 운동 방향이 맞지 않는 것이다. $f=ma$ 라는 법칙이 맞지 않기에, 그 법칙을 자유자재로 사용할 수 없게 된다.

암흑에너지의 정체는
음의 질량?

과학계에서는 음의 질량이라는 표현을 이미 공공연하게 사용하고 있다. 힘의 반대 방향으로 움직이는 물질의 질량을 음의 질량이라는 뜻의 '네거티브 매스^{negative mass}'라고 부른다. 그러면서 이 물질이 보통 물질과 달리 척력(두 물체가 서로 밀어내는 힘)으로 작용하지 않을까 하는 조심스러운 추측을 하고 있다. 이렇게 추측하는 데는 이유가 있다. 우주론의 미스터리가 풀릴 수도 있기 때문이다.

만유인력의 법칙에 따르면, 물질은 다른 물질을 끌어당긴다. 우주가 그런 물질로만 구성되어 있다면, 물질과 물질은 서로 끌어당겨 결국 우주는 수축할 것이다. 하지만 관측 결과 우주는 오히려 가속 팽창하고 있다. 그 결과를 설명하려면, 우주를 가속 팽창시키는 힘이 필요해진다. 그 힘으로 지목된 게 암흑에너지다. 과학계에서는 보통 물질이 우주에서 차지하는 질량 에너지가 5퍼센트 정도고 암흑에너지가 68퍼센트일 거라고 주장한다.

문제는 무엇이 암흑에너지냐는 것이다. 암흑에너지의 정체는 아직 정확하게 밝혀지지 않고 있다. 이런 난감한 상황에 음의 질량을 가진 물질이 혜성처럼 등장했다. 과학자들은 그 물질이 미는 힘인 척력으로 작용한다면, 암흑에너지의 후보가 될 수 있다고 본다. 왜 그렇게 추측하는 걸까? 이를 이해하기 위해서는 양의 물질과 음의 물질 사이의 관계를 고려해야 한다. 양의 물질과 음의 물질이 나란히 놓여 있다고 상상하면서 양의 물질을 ○, 음의 물질을 ●라고 해보자. 그리고 힘의 방향을 ← 또는 →, 이동 방향을 ⋯ 또는 ⋯라고 표시해 보자.

○은 양의 질량을 가진 보통 물질이고 당기는 힘인 인력으로 작용한다. ●은 음의 질량을 가진 이상한 물질이고 척력을 일으킨다. 두 물질 사이에 어떤 일이 벌어지는지 따져 보자.

먼저 양의 물질을 보자. 이 물질에는 음의 물질로부터 발생한 척력이 ①처럼 작용할 것이다. 양의 물질은 힘의 방향대로 움직이므로, 양의 물질은 ②처럼 이동하게 된다. 음의 물질에는 양의 물질로부터 발생한 인력이 ③처럼 작용할 것이다. 음의 물질은 힘의

음의 물질을 잘 다룰 수 있다면
날아다니는 보드를 만들 수 있을 것이다

반대 방향으로 움직이므로, 음의 물질은 ④처럼 움직이게 된다.

양의 물질과 음의 물질은 서로를 밀어내기에, 양의 물질도 음의 물질도 바깥을 향해 이동한다. 둘 사이의 거리는 더 멀어지면서 공간이 팽창하는 것과 같은 효과를 일으킨다. 그래서 음의 질량을 가진 물질을 암흑에너지의 후보로 보고 있다.

날아다니는 보드

음의 물질과 양의 물질이 서로를 밀어낸다면, 재미난 상상이 가능하다. 음의 질량을 가진 물질을 잘 다룰 수만 있다면, 자기부상열차처럼 떠다니는 교통수단이 가능해진다. 음의 물질로 보드를 만들었다면, 그 보드는 우리 주위에 널려 있는 보통 물질을 밀어낼 것이다. N극과 N극이 서로 밀어내듯이 말이다. 조절만 잘하면 그 보드를 공중에 떠 있게 할 수 있다.

공중에 떠 있는, 음의 물질로 된 보드나 기차를 앞으로 가게 하려면 어떻게 해야 할까? 추진력이 필요한데, 그 방향은 반대여야 한다. 지금의 로켓처럼 뒤에서 앞으로 밀어낸다면, 보드는 오히려 뒤로 가버릴 것이다. 보드를 앞으로 가게 하려면, 앞에서 뒤로 향하는 힘이 필요하다. 그러니 보드나 로켓의 추진체는 뒤가 아닌 앞에 있어야 한다.

-10m 같은 음수 길이
대칭

상점에 들어가기 전에

× 길이와 넓이, 부피

길이는 1차원 선의 크기, 넓이는 2차원 면의 크기, 부피는 3차원 공간의 크기다. 각각의 크기 단위는 언뜻 서로 연관이 없을 것 같지만 사실 서로 연결되어 있다. 예를 들어 길이를 통해 넓이와 부피의 크기를 계산한다. 넓이의 단위는 길이의 제곱, 부피의 단위는 길이의 세제곱이다.

× 음수의 연산

음수끼리의 곱셈은 보통 수직선을 그려 한눈에 이해할 수 있도록 설명하지만, 그 방법은 엄밀하지 않다. 음수끼리의 나눗셈을 설명할 수도 없다. 음수를 계산할 때는 수직선 대신 $(-1)=0-(+1)$ 같은 음수의 정의를 이용해 논리적으로 추론해 낼 수 있다. $(-1)×(-1)=(+1)$ 이다. 그러면 $(+1)×(+1)=(+1)$ 같은 기존의 연산 규칙을 깨지 않으면서 음수의 연산을 오류 없이 정의할 수 있다.

× 대칭

두 점이 어떤 점이나 선 같은 기준으로부터 같은 거리에 있다면, 대칭이다. 그런데 요즘 대칭의 뜻은 더 추상화되었다. 어떤 변환에도 그 성질이 변하지 않을 때 대칭이라고 한다. 대칭은 현대 과학에서 아주 중요한 원리로, 과학자들은 대칭을 통해 우주의 원리를 설명하고 있다. 2008년에는 물질의 대칭성 붕괴 원리를 규명한 세 명의 과학자(미국 페르미연구소의 난부 요이치로南部陽一郎, 일본 고에너지연구소의 고바야시 마코토小林誠, 교토대학의 마스카와 도시히데益川敏英에게 노벨 물리학상이 수여되었다.

○ ○ ○

지난번에 다녀간 고객으로부터 또 이메일이 왔다. 이상한 물질의 질량을 표현하는 수학 때문에 왔던 그 학생이었다. 이메일 제목에 붉은 글씨의 "SOS"가 깜빡여 얼른 열어 보았다. 학생은 문제가 생겼다며 빨리 도와달라고 했다. 바로 학생에게 전화를 걸었다.

"음수 질량에 관한 문제인가요?"

"아니에요. 그건 잘 돌아가고 있어요. 딴 데서 막혀 버렸어요."

"다른 문제라는 건가요?"

"딴 문제지만, 음수 질량과 관계되어 있어요. 음수 질량, 참 단순하면서도 절묘한 아이디어더라고요. 그래서 저는 그 아이디어를 더 확장해 보기로 했어요. 질량이 음수로 표현된다면, 길이와 넓이도 음수로 표현될 수 있지 않을까 하고요."

"오! 그거 굿 아이디어네요. 질량이 음수인 물체의 길이마저도 음수로 표현한다는 거죠? 그런 물체의 넓이나 부피도 음수로 표현하고."

"그렇죠. 힘의 방향으로 움직이는 물체의 길이는 양수, 힘의 반대 방향으로 움직이는 물체의 길이는 음수로 표현하는 거예요."

아이디어가 반짝반짝하는 학생이었다. 학생은 음수라는 개념을 질량만이 아니라 다른 영역으로 확장해 봤다. 논리적으로는 전혀 문제가 없어 보여서 뭐가 문제냐고 다시 물었다.

"문제는 길이와 넓이 사이의 관계에서 발생했어요."

"관계까지 검토해 봤다는 건가요?"

"네. 질량이 음수인 물체와 관련된 크기를 전체적으로 다뤄 보려 했거든요."

역시나 그 학생은 야망이 컸다. 길이를 음수로 표현하는 것만으로 만족하지 않았다. 그래서 나는 뭐가 문제라는 것인지 이야기해 보라고 다그쳤다.

"넓이는 길이의 제곱이니, 길이가 음수인 도형의 넓이는 음수 곱하기 음수가 되어요. 길이가 -3인 정사각형의 넓이는 $(-3) \times (-3)$이 되는 거죠. 거기에서 문제가 발생해요. 수학에서 음수 곱하기 음수는 양수잖아요. 길이가 -3인 정사각형의 넓이는 $+9$가 되어요. 하지만 음의 물질의 넓이니까 -9가 되어야 하잖아요. 실제와 수학이 일치하지 않아요."

"오호, 길이와 넓이의 수학적 관계로 보면 $+9$인데, 넓이라는 물리적 관점에서 보면 -9다? 수학과 물리학 사이에서 모순이 발생한다 이거군요."

음의 물질의 넓이는 -9이면서 $+9$여야 했다. 그건 분명 모순이었다. 그 학생은 날렵한 제비 같았다. 먹잇감을 물고 오는 제비처럼 먹음직한 문제를 또 물어 왔다.

길이는 보통
0보다 크다

우리는 일상에서 길이를 자주 잰다. 길이를 알아야 넓이와 부피도 계산할 수 있다. 길이를 2개 곱하면 넓이, 길이를 3개 곱하면 부피다. 이처럼 길이는 다양한 크기를 재는 출발점이다. 그래서 어떤 크기의 측정 기준을 '척도'라고 말한다. 과거 우리 조상들은 30센티미터 정도의 길이 단위인 '척'을 일상에서 사용했다.

측정할 수 있는 가장 작은 길이는 플랑크 길이다. 대략 1.61624×10^{-35}미터라고 한다. 이 정도의 길이도 측정 가능하다는 사실이 참 놀랍다. 사람의 몸속에도 다양한 길이가 숨어 있다. 사람 혈관의 총 길이는 약 12만 킬로미터다. 지구를 세 바퀴 돌 만큼의 길이가 우리 몸속에 있다. 우주는 또 얼마나 넓은가? 우리은하의 지름은 약 10만 광년이다. 이처럼 세상에는 다양한 길이가 존재한다.

어쨌든 우리에게 익숙한 길이는 모두 0보다 크다. 당연해 보인다. 길이는 존재하는 어떤 것의 크기인데, 존재로서 그 모습을 보이려면 0보다 커야 하기 때문이다. 음수 길이나 넓이, 부피는 오히려 어색하고 이상해 보인다. −3미터, −100제곱센티미터, −1,000세제곱미터라는 수치는 본 적이 없을 것이다.

성질이 반대인
물질의 길이를 음수로!

음수 길이가 불가능하다는 논리적인 근거는 없다. 음수라는 것이 논리에 맞다면, 음수 길이도 얼마든지 가능하다. 성질이 반대인 길이라면 음수로 표현할 수 있다.

앞에서 힘의 반대 방향으로 움직이는 물질의 질량을 음수로 표현했다. 어색했기에 조심스러웠지만, 딱히 별일은 없었다. 오히려 성과가 더 좋았다. $f = ma$라는 운동법칙을 더 잘 설명해 냈으니 말이다. 논리는 음수 질량을 환영하는 듯하다. 음수 질량을 도입했으니 용기를 조금 더 내보자. 이상한 물질로 만들어진 물체의 길이나 넓이, 부피도 음수로 표현해 보자.

힘의 반대 방향으로 움직이는 물체의 길이를 음수로 표현해 보자. −10미터는 그런 물체의 길이가 10미터라는 뜻이다. 한편 양수 길이는, 힘의 방향으로 움직이는 물체의 길이다. 이렇게 하면 길이의 세계에서도 양수와 음수가 공존한다. 길이는 양수와 음수를 자유롭게 넘나들게 된다.

길이와 넓이,
길이와 부피의 관계는?

음수 길이에 논리적인 문제는 없다. 길이에 대한 정의를 엄밀히 했기에 가능한 일이다. 하지만 그것으로 모든 문제가 해결되는 것은 아니다. 음수 길이를 둘러싼 대상들과의 관계도 말끔하게 설명해야 하기 때문이다. 거짓말도 서로 장단이 맞아야 하는 법이다.

길이와 넓이, 길이와 부피의 관계를 보자. 대상만으로 보면 길이, 넓이, 부피는 서로 다르다. 하지만 넓이와 부피의 크기를 파악하는 계산 과정은 서로 독립적이지 않다.

길이나 넓이, 부피를 측정하는 원리는 같다. 기본 단위를 정의하고, 그 단위가 몇 개 포함되느냐를 파악한다. 길이의 단위는 길이가 1인 선분, 넓이의 단위는 한 변의 길이가 1인 정사각형, 부피의 단위는 한 변의 길이가 1인 정육면체다. 이렇게 기본 단위를 정해 두고 크기를 잰다.

계산 과정을 보자. 넓이를 재려면 대상의 모양을 직사각형으로 바꾼 후, 가로의 길이와 세로의 길이를 곱해야 한다. 그 값은 그 대상에 포함될 단위 정사각형의 개수와 똑같다. 그래서 넓이는 길이의 제곱이다. 15제곱센티미터란, 1제곱센티미터의 정사각형이 15개 더해진 크기다. 부피는 대상을 직육면체로 바꿔 가로의 길이와 세로의 길이에 높이의 길이를 곱한다. 그러면 그 대상에 포함될 단위 정육면체의 개수와 같아진다. 그래서 부피는 길이의 세제곱이다. 24세제곱센티미터는, 1세제곱센티미터인 단위 정육면체가 24개 들어가는 공간의 크기다.

연산에서
문제가 생긴다면

음수 길이와 음수 넓이, 음수 길이와 음수 부피의 관계를 살펴보자. 넓이는 길이의 제곱, 부피는 길이의 세제곱이라는 사실에는 변함이 없다. 그러면 그 관계는 아래와 같아야 한다.

$$\text{길이} \times \text{길이} = \text{넓이} \qquad \text{길이} \times \text{길이} \times \text{길이} = \text{부피}$$
$$(-) \times (-) = (-) \qquad (-) \times (-) \times (-) = (-)$$

그런데 눈에 거슬리는 부분이 있다. $(-) \times (-) = (-)$이라는 식이다. 음수 곱하기 음수, 너무 자주 듣던 것 아닌가! 음수 곱하기 음수가 양수라는 것은 수학의 절대적인 규칙이다. 그 규칙을 따라서 수학은 이제껏 흘러왔다. 그 규칙을 벗어난 수학은 수학이 아니다. 그나마 길이와 부피의 관계에는 문제가 없다. 부피는 음수를 3개 곱하므로, $(-) \times (-) = (+)$라는 규칙을 통해서도 결과는 음수가 된다.

$$(-) \times (-) \times (-) = (+) \times (-) = (-)$$

수학은 결코 호락호락하지 않다. 수의 세계는 어느 한 부분만 맞는다고 성립하는 것이 아니라, 전체가 맞아떨어져야 한다. 그래서 어떤 새로운 수를 도입하려면 그 수와 다른 수의 관계를 모두 고려해야 한다. 이런 점 때문에 수학의 역사에서 음수는 시간이 한참 흘러서야 등장했다. 과거 사람들은 빚이나 손해를 음수로 표현하는 것은 어렵지 않게 받아들였다. 그러나 음수가 포함된 연산은 선뜻 해내지 못했다.

새롭게 만들어 보는
곱셈의 규칙

음수 길이를 도입하면 넓이와의 관계에서 말썽이 생긴다. 길이에 음수를 도입하는 것은 그냥 포기하자. 수학이 아닌 판타지에서나 가능할 법한 재밋거리로 남겨 두자. 그런데도 계속 아쉬움이 남는다고? 그렇다면… 방법을 한번 찾아보자.

부호 규칙을 바꿔 보는 것은 어떨까? 음수 길이를 위해 연산 규칙을 바꿔 보는 것이다. 여기에는 수술하는 의사와 같은 세심하고 예리한 손길이 필요하다. 기존 체계를 건드리지 않으면서 새로 발생한 문제만을 해결해야 하니까.

새로운 규칙에서는 음수인 길이를 제곱해서 음수인 넓이가 나올 수 있어야 한다. 보통 물질과 반대인 물질이라는 점에 어울리게 기존 규칙과 반대로 설정해 보자. 음수 곱하기 음수를 음수라고 하고, 기존과는 다른 곱셈이니 다른 기호 ⊗를 사용하자.

기존 규칙　→　새 규칙

$(+) \times (+) = (+)$　　$(+) \otimes (+) = (-)$

$(+) \times (-) = (-)$　　$(+) \otimes (-) = (+)$

$(-) \times (+) = (-)$　　$(-) \otimes (+) = (+)$

$(-) \times (-) = (+)$　　$(-) \otimes (-) = (-)$

길이와 넓이, 길이와 부피의 부호 관계를 확인해 보자. $(-) \otimes (-) = (-)$라는 규칙을 적용해 길이의 제곱과 세제곱을 해보자.

$(-) \otimes (-) = (-)$ → 음수 길이의 제곱은 음수 넓이

$(-) \otimes (-) \otimes (-) = (-) \otimes (-) = (-)$ → 음수 길이의 세제곱은 음수 부피

새 규칙 아래에서 넓이도 음수, 부피도 음수가 나온다. 실제 대상과 수식이 정확하게 일치한다. 뭔가 딱딱 맞아떨어지면서 부호 처리의 문제는 해결되었다! 수학의 신대륙에 발자국 하나를 찍은 기분이다.

그런데 다른 문제점이 보인다. 새 규칙에서 양수 곱하기 양수는 음수가 된다는 것이다. $(+) \otimes (+) = (-)$. 보통 물질의 길이 2개를 곱했더니, 음의 질량을 가진 물질의 넓이가 되었다는 뜻이다. 더

기괴한 규칙이 되어 버렸다. 소박한 바람으로 벌인 일이 너무 큰 소란을 일으켜 버렸다. 수의 세계에 미안하다고 말하고 얼른 덮자. 역시나 수학은 만만치 않다.

대칭을
도입해 본다면

재미있게 쌓고 놀았던 모래성을 다 무너뜨리려는 그 순간, 눈에 들어오는 게 있다. 선대칭이네 점대칭이네 할 때의 '대칭'이다. 대칭은, 합동인 두 도형이 점이나 선으로부터 같은 거리에 있는 상태를 말한다. 더 많은 현상을 설명하기 위해 요즘 대칭의 뜻은 더욱 넓어졌다.

과학자들은 여러 가지 변환에 대해서도 그 성질이 변하지 않는 것을 대칭이라고 부른다. 원을 생각해 보라. 아무리 돌려도 그 모양이나 중심으로부터의 거리가 달라지지 않는다. 대칭인 상태다. 중력이라는 성질 역시 대칭이다. 별의 질량에 따라 중력의 크기는 달라지지만 중력이 발생한다는 성질은 변하지 않기 때문이다. 질량과 거리가 같으면 중력의 크기도 같다.

우주에는 대칭을 보이는 현상이 많다. 그래서 그 대칭을 통해 우주의 비밀을 밝혀 나가기도 한다. 언제 어디서나 성립하는 물리 법칙은 대칭의 다른 이름이다. 중력이나 전자기력도 대칭성을 보이는데, 그 대칭성이 물체의 모양이나 구조에 영향을 많이 미친다. 그래서 주위에는 대칭을 이루는 물체가 많다. 그래서일까? 우리는 대칭을 이루는 얼굴이나 모양을 보면 안정감과 아름다움을 느끼기도 한다. 리언 레더먼Leon Lederman과 크리스토퍼 힐Christopher Hill이 쓴 《대칭과 아름다운 우주》에 따르면, 대칭은 현대 물리학에서 가장 결정적이고 근본적인 개념이다.

물질로 가득한 지금의 우주가 형성될 수 있었던 것은 대칭의 붕괴 때문이라고 한다. 만약 물질과 (전기적 성질이 물질과 반대인) 반물질이 정확하게 대칭을 이루었다면 우주는 모두 사라졌을 것이다. 물질과 반물질이 만나면 소멸되어 에너지로 바뀌기 때문이다. 하지만 비대칭 덕에 우주에는 물질이 남게 되었다. 물질이 남은 공간에 온도의 비대칭이 발생하면서 물질이 응집하며 별이 탄생했다. 이처럼 우주의 비밀은 대칭의 원리를 통해서 규명되고 있다.

대칭을 이루는
양수와 음수

-3부터 +3까지의 수직선

+3과 −3은 원점에 대해 대칭이기에, 둘의 위치를 바꿔도 상관없

다. 왼쪽을 +3, 오른쪽을 −3이라고 해도 된다. 둘이 반대이기만 하면 된다. 수에 대해 성립하는 이 대칭의 원리를 연산 규칙에 적용해 보면 어떨까? 기존의 연산 규칙에서 (+)를 (−)로, (−)를 (+)로 바꿔 보는 것이다.

$$(+)\times(+)=(+),\ (+)\times(-)=(-),\ (-)\times(+)=(-),\ (-)\times(-)=(+)$$
$$\downarrow \cdots\cdots (+)를\ (-)로,\ (-)를\ (+)로$$
$$(-)\times(-)=(-),\ (-)\times(+)=(+),\ (+)\times(-)=(+),\ (+)\times(+)=(-)$$

대칭의 원리가 적용된 새 규칙이다. 새 규칙은 기존 규칙과 대칭이기에 그 결과가 반대다. 음수 곱하기 음수는 음수고, 음수와 양수를 곱하면 양수가 된다. 새 규칙은 틀린 규칙이 아니라, 양수와 음수를 바꿔 놓은 규칙일 뿐이다. 하지만 새 규칙 역시 우리가 알고 있던 규칙과 원리적으로 똑같다. 왼손과 오른손이 뒤바뀌어 있는, 거울에 비친 자신의 모습인 셈이다.

대칭을 이루는
새로운 규칙

새 규칙에 따르면 $(-)\times(-)=(-)$이고 $(+)\times(+)=(-)$이다. 부호가 같은 수의 곱셈은 음수, 부호가 다른 수의 곱셈은 양수다. 양수와 음수를 바꿔 놓았기에 기존 규칙과 반대가 되었다. 그런데 새로운 규칙, 어디선가 본 듯하다. 앞서 음수 넓이를 정당화하기 위해 장난처럼 임의로 바꾼 부호의 규칙과 똑같다. 우연일까? 해석이 필요한 순간이다.

대칭의 원리를 적용한다면, 음수 길이로부터 음수 넓이가 되도록 바꾼 연산 규칙은 틀렸거나 잘못된 게 아니다. 우리에게 익숙한 규칙과 대칭이 되어 모양새만 다를 뿐, 두 규칙의 원리는 완전히 같다.

$$(+)×(+)=(+), (+)×(-)=(-), (-)×(+)=(-), (-)×(-)=(+)$$

↕ 대칭

$$(-)×(-)=(-), (-)×(+)=(+), (+)×(-)=(+), (+)×(+)=(-)$$

그러므로 길이에 음수를 도입해도 된다. 그때는 지금 우리가 사용 중인 연산 규칙과 대칭이 되는 반대 규칙을 적용하면 된다. 그러면 넓이나 부피를 계산할 때도 아무런 문제가 생기지 않는다.

거울우주
망원경

거울우주mirror universe라는 개념을 언급하는 과학자가 등장하고 있

**우리 우주와 반대인 우주를
대칭의 원리로 그려본다**

다. 거울 속 이미지처럼 우리에게 익숙한 우주와 대칭을 이루고 있는 우주를 말한다. 아직까지 거울우주가 있는지는 확인되지 않았다. 그래도 그 세계를 상상해 볼 수는 있지 않을까? 대칭의 원리를 적용해 우리가 살아가고 있는 우주와 반대인 우주를 그려 보는 것이다. 인공지능을 통해 규칙이 반대인 물질, 규칙이 반대인 생물체, 규칙이 반대인 인류의 역사 등을 상상해 본다. 상상한 모습을 볼 수 있는 망원경이 있다면 어떨까? 우리 우주와 대칭인 우주의 모습을 상상으로나마 보여 주는 망원경 말이다. 이런 망원경이 있다면 멀리 있는 거울우주를 살펴보는 것 같은 경험을 할 수 있을 것이다.

0보다 작은 변화량
엔트로피

상점에 들어가기 전에

× 대수

수는 수학의 가장 기본적인 도구다. 그런데 그 수를 정확히 알지 못하거나, 그 수가 매우 많을 때가 있다. 그때 우리는 수를 대신해서 x, y, z나 a, b, c 같은 문자를 사용한다. 그 문자는, 모르는 수인 미지수이거나 무수히 변하는 수인 변수다. 문자와 식, 방정식, 함수에서 주로 활용된다.

× 변화량을 뜻하는 Δ, d

변화량을 다룰 때가 자주 있다. 기울기를 구할 때는 x와 y의 변화량을, 함수에서는 함수값의 변화량을, 수열에서는 수 사이의 변화량을 다룬다. 자주 사용되기에 변화량을 아예 Δ(델타)라는 문자로 표기한다. Δ는 차이를 뜻하는 Difference의 D에 해당하는 그리스어 알파벳이다. 무한히 작은 크기의 변화량인 경우 d(difference)로 표기한다. Δx는 x의 변화량, dx는 x의 무한히 작은 변화량이다.

× 엔트로피

엔트로피entropy는 열역학에서 등장한 개념이다. 열은 항상 높은 곳에서 낮은 곳으로만 흘러가며, 마구잡이로 퍼져 간다. 열이 골고루 퍼지면서 우주는 질서를 잃어 간다. 그 변화의 방향을 엔트로피가 증가한다고 말한다. 그 엔트로피의 법칙을 열역학 제2법칙이라고도 한다. 자연의 모든 것은 무질서한 상태로 나아가는 경향을 보이기에, 엔트로피는 흔히 '무질서의 정도'로 알려져 있다. 우주에서 거스를 수 없는 불변의 법칙이다. 열이 한 방향으로 흐르듯, 우리는 시간도 한 방향으로만 흘러간다고 느낀다.

○ ○ ○

자신을 너무 게으른 SF 작가 지망생이라고 소개하는 사람이 방문했다. 치렁치렁 대충 걸친 옷, 손때 묻어 거뭇거뭇한 가방을 보니 정말 그런 것 같았다. 음수 질량에 대한 아이디어 때문에 왔던 학생의 지인이었다. 무슨 사연일지 궁금했다.

"제가 참 게을러요. 뭘 정리하거나 치우는 게 너무너무 싫어요. 집에 가면 가방을 아무 데나 던져 놓고, 옷이나 양말을 벗어 획획 던져 놓아요."

"저도 그랬어요. 정리하고 산다는 거, 굉장히 어려운 일이죠."

"그러니까요. 제가 그리 살다 보니 집에서 등짝을 두들겨 맞는 게 일상이에요."

그의 사정이 이해는 되었다. 예전의 내 모습을 잠깐 돌아보니 크게 다르지 않았다. 그러다 갑자기 과학 시간에 들었다며, 그는 엔트로피에 대한 이야기를 꺼내 놨다.

"엔트로피라는 말을 들었어요. '무질서의 정도'라고 하더군요."

"네. 그렇죠. 이 우주가 갈수록 무질서해진다는 법칙은 유명하잖아요."

"엔트로피를 통해 저는 '아, 내가 순리대로 잘 살아가고 있구나'

하고 생각했어요. 그런데 우리 가족은 왜 그리 순리를 거슬러 살라고 스트레스를 주는지 모르겠어요."

보고 싶은 대로 본다는 말이 떠올랐다. 엔트로피로 자신의 게으름을 정당화하다니! 그러나 그는 거기에서 예기치 않은 방향으로 이야기를 몰고 갔다.

"친구한테서 음수 길이나 음수 질량 이야기를 들었어요. 그럴싸하던데요. 그래서 저는 엔트로피와 반대되는 우주를 상상해 봤어요. 음수 엔트로피인 거죠. 우주는 저절로 질서가 잡혀 가고, 방은 저절로 정리가 되어요. 집에서 혼날 일이 전혀 없겠죠?"

우습지만 흥미로운 이야기였다. 내버려 둬도 저절로 정리되는 우주라니! 정말 SF에서나 가능할 법한 우주 같았다. 그런 세상에서는 게을러도 잘살 수 있을 것 같다.

"정말 SF에 딱 맞는 소재 같은데요. 어떤 것을 더 상상해 보셨어요?"

"더 상상해 보고 더 파고들어 가야 하는데 그러지 못하겠어요. 너무 막연해요. 질서 잡혀 가는 우주를 문자나 수식으로 표현한다면, 구체적으로 상상해 갈 길이 열릴 법도 한데, 어려워요. 생각하기도 귀찮고요. 빨리 작품을 써야 하는데 큰일이에요."

그 작가 지망생은 게을러서 영감을 받았지만, 게을러서 생각을 발전시키지 못하고 있었다. 정반대되는 우주라는 번뜩이는 영감을 받았지만, 그런 우주를 구체적으로 그려 나가지 못했다. 그는 그런 우주의 모습을 들여다볼 수 있는 창문을 찾고 있었다. 그 창문을 찾기 위해서는 새로운 수학의 도움이 필요하다.

방이 어질러지는 데는
이유가 있다

연초가 되면 우리는 분위기에 휩쓸려 목표라는 것을 세워 보곤 한다. 꾸준히 운동을 해서 몸짱이 되어 보겠다거나, 맘 잡고 공부해서 성공 신화를 기록해 보겠다거나. 그러면서 꼭 책상이나 방을 깔끔하게 정리한다. 늘 그렇듯 시작은 좋다.

시간이 흘러가면서 책과 옷은 여기저기에 널브러져 있게 된다. 쓰레기가 뒹굴어 다니며, 방은 거대한 쓰레기통이 되어 간다. 운동이나 공부를 어쩌다 하루 빼먹기 시작하더니, 어쩌다가 하루만 운동하고 공부하는 처지로 전락한다. 방 안의 물건들은 급기야 방 밖으로 삐져나가기 시작한다. 부모님으로부터 날아오는 등짝 스매싱까지 자연스럽게 이어진다.

시간이 갈수록 방은 어지럽혀지고, 초심은 약해지며, 쓰레기는 쌓여 간다. 우리 세계에서 늘 경험하는 자연스러운 현상이다. 과학은 이런 현상마저도 법칙으로 표현해 내는 놀라운 재주가 있다. 엔트로피 증가의 법칙이다!

무질서의 정도를 뜻하는
엔트로피

엔트로피는, 열이 높은 곳에서 낮은 곳으로 흘러가는 현상을 설명하는 과정에서 등장했다. 엔트로피의 변화량 ΔS는 $\frac{\Delta Q}{T}$, 열의 변화량 ΔQ를 온도 T로 나눈 값으로 정의한 것이다. 그렇기에 열을 많이 받을수록, 온도가 낮을수록 엔트로피는 커진다. 공식에 따라 계산해 보면 열이 흐름에 따라 전체적으로는 엔트로피가 증가한다. 과학자들은 상태에 대한 통계적 해석을 통해 엔트로피의 의미를 명료하게 다듬었다.

온도가 다른 두 기체가 있고, 두 기체 사이를 가로막는 막이 있다고 상상해 보자. 기체들을 분리하던 막을 제거하면 두 기체의 원자들은 섞여 평균적인 온도가 된다. 분리되어 있던 상태처럼 원자들이 분포하는 경우의 수와 섞여 있는 상태처럼 원자들이 분포하는 경우의 수, 어느 게 더 클까? 질서 있게 존재하는 경우의 수가 더 작다. 뒤섞이는 경우의 수가 훨씬 크기에 그런 상태가 된다.

주사위 100개를 던져 보자. 각각의 숫자가 골고루 나오기가 더 쉽다. 모두 6이 나온다거나, 절반은 1이 나머지는 6이 나오는 사건은 드물다. 숫자가 골고루 섞여 나오는 것처럼, 경우의 수가 더 큰 사건이 일어나기가 더 쉽다. 그래서 열은 낮은 곳으로 퍼지면서 섞이게 된다. 경우의 수가 더 많은 상태가 되는 것이다. 그런 변화를 엔트로피가 증가한다고 한다.

엔트로피는, 어떤 상태가 될 수 있는 (미시 상태의) 경우의 수라고 할 수 있다. 경우의 수가 큰 상태가 엔트로피가 큰 상태다. 특별한 규칙이나 패턴이 없이 마구 뒤섞여 있을수록 엔트로피가 더 크다. 책상 위가 정리된 상태, 사람들이 일렬로 늘어서 있는 상태는 경우의 수가 더 작은 상태이기에 엔트로피가 더 작다. 그래서 엔트로피를 무질서의 정도라고 말한다.

엔트로피가
커지기만 하는 우주

끊임없이 변하는 우주의 엔트로피는 어떻게 변할까? (날이 갈수록 지저분해지는 방을 생각해 보면 된다) 엔트로피의 변화량(ΔS)은 항상 0보다 같거나 크다. 엔트로피는 갈수록 커진다.

$$\Delta S \geq 0$$

(고립된) 우주의 진화에는 방향성이 있다. 엔트로피가 커지는 방향으로만 진화한다. 이것이 바로 엔트로피 증가의 법칙이다. 에너지는 보존되지만, 엔트로피는 결코 보존되지 않고 커져만 간다. 우주는 매일매일 무질서해지고, 뒤죽박죽이 되며, 규칙과 패턴을 잃고 있다. 쓸모없는 쓰레기가 더 많아진다. 그런 모습으로 살고 있다

면, 우주의 순리에 맞게 잘(?) 살고 있다고 자부해도 좋다. 우리 사회는 갈수록 질서와 규칙을 따르는 것처럼 보이지만, 우주는 무질서한 상태가 되어 간다.

열은 높은 데서 낮은 데로만 흐르기에, 손이 차가울 때는 따뜻한 사람의 손을 잡는 것이 좋다. 열은 그렇게 사방으로 퍼져 가며 마구 뒤섞인다. 그러다 더 이상 퍼질 수 없는 순간인 열 죽음을 맞이한다. 엔트로피는 최대가 되고 우주는 사망의 상태가 된다. 그 상태를 향해 우주는 오늘도 속도를 높이며 진화 중이다.

영화를 거꾸로 돌릴 수는 있지만, 엎질러진 물이나 깨진 컵을 원상 복구하지는 못한다. 엔트로피 증가의 법칙에 위배되기 때문이다. 무슨 짓을 해도 엔트로피를 줄일 방법은 없다. 돌이킬 수 없는 우주의 방향성이다. 그 방향성 때문에, 우리는 시간이 흘러간다고 느낀다. 열이 차가운 데서 높은 곳으로 되돌아가지 못하듯이, 엔트로피가 낮은 예전의 상태로는 되돌아갈 수 없다. 그래서 시간은 오직 과거에서 현재를 거쳐 미래로만 흘러가는 것 같다.

가속 팽창하는
우주

우리 우주는 (가만히 있는 것 같지만) 바람을 집어넣는 풍선처럼 더욱 커져만 간다. 우주가 팽창하는 것과 엔트로피가 커지는 것은 등치 관계에 있다.

엔트로피 증가와 팽창하는 우주의 관계는 일상에서도 자주 경험할 수 있다. 책이 질서 있게 꽂혀 있을 때 책은 최소한의 공간만 차지하지만, 점차 책장을 삐져나와 주변 공간으로 퍼져 나간다. 무질서한 상태일수록 공간을 더 많이 차지한다. 그러므로 엔트로피가 커져 간다는 것은, 무질서해지면서 공간이 팽창하는 것과 같다.

우리 우주는 갈수록 팽창 속도가 더 빨라지고 있다. 사람들은 힘들어서 갈수록 풍선을 부풀리지 못하지만, 조물주는 갈수록 우주에 바람을 더 많이 불어넣는다. 졸지도 않고 지치지도 않는 능력자다. 안드로메다은하는 오늘보다 내일 더 빠른 속도로 멀어져 간다. 앞서 살펴봤듯 암흑에너지는 우주를 팽창하게 하는 힘으로 지목되고 있다.

엔트로피	작다 → 크다
우주의 상태	질서 있는 상태 → 무질서한 상태
경우의 수	적은 상태 → 많은 상태
열의 흐름	높은 곳 → 낮은 곳
쓸모없는 에너지의 양	적은 상태 → 많은 상태
시간의 방향	과거 → 미래
우주의 크기	작은 상태 → 큰 상태

엔트로피가 커지는 우주에서의 변화

엔트로피가 줄어드는
우주라면

엔트로피가 증가하는 우주가 있으니, 엔트로피가 감소하는 우주도 있지 않을까? 그 우주는 우리 우주와 반대로 무질서의 정도가 줄어들 것이다. 시간이 갈수록, 사건이 하나 일어날수록 세상은 정돈되고 깔끔해진다. 엎질러져 있던 물이 다시금 모이고, 흩어져 있던 파편들이 다시금 모여 컵이 된다. 우리 세계에서는 마술에서나 가능한 일이 거기서는 자연스럽게 일어난다.

엔트로피가 줄어드는 우주는 갈수록 질서 있는 우주가 된다. 크기로 보자면 부피가 더 줄어든다. 내버려 두어도 잘 정돈되어 책장이나 옷장의 부피가 줄어든다. 오므라들고 쪼그라들며, 공간은 질서와 규칙을 향해 줄어들고 밀집된다. 가지런히 정돈되어 있어 써먹을 수 있는 것은 더 많아진다.

그 세상에서 열은 낮은 데서 높은 곳으로 흐를 것이다. 춥다고 핫팩을 집어 들면 그나마 남아 있던 온기마저 핫팩으로 흘러가 버린다. 따뜻해지고 싶다면 더 차가운 것을 만져야 한다. 뜨거운 것을 만졌을 때는 손을 귀에 가져가서는 안 된다. 손을 식히려면 몸에서 가장 온도가 높은 그곳으로 가져가야 한다. 어디일까? 바로 항문이다!

엔트로피의 반대 개념,
네트로피

감소하는 엔트로피라는 개념은 이미 존재한다. 엔트로피에 반대된다고 하여 네트로피netropy 또는 네겐트로피negentropy라고 한다. 네거티브 엔트로피negative entropy의 줄임말이다. 1944년에 물리학자인 에르빈 슈뢰딩거Erwin Schrödinger가 책《생명이란 무엇인가?》에서 처음 언급했다. 네트로피는 질서의 정도다. 네트로피가 증가한다는 것은, 엔트로피가 감소한다는 것이다. 엔트로피의 반대 개념인 네트로피는 N, 네트로피의 증가량은 ΔN이다.

$$\Delta S \leq 0 \quad \rightarrow \quad \Delta N \geq 0$$

엔트로피가 줄어든다　　　네트로피가 증가한다

　네트로피가 증가하는 세상에서도 시간은 한 방향으로만 흐를 것이다. 원래 상태로는 돌아가지 못하며, 과거로 돌아가지 못하는 것도 엔트로피의 세상과 똑같다. 시간이 흘러가면서 벌어지는 현상이 다를 뿐이다. 네트로피가 커지는 우주는 수축하고 줄어든다. 그러다가 가장 질서 있는 한 점이 되어 사라져 버리는 것은 아닐까?

엔트로피	크다 → 작다
우주의 상태	무질서한 상태 → 질서 있는 상태
경우의 수	큰 상태 → 작은 상태
열의 흐름	낮은 곳 → 높은 곳
쓸모없는 에너지의 양	많은 상태 → 적은 상태
시간의 방향	과거 → 미래
우주의 크기	큰 상태 → 작은 상태

엔트로피가 줄어드는 우주에서의 변화

네트로피가 지배하는 우주가 있다면, 우주가 수축하게끔 하는 힘 또한 있어야 할 것이다. 중력만으로는 미약하다. 우주를 가속 팽창하게 하는 힘인 암흑에너지와 반대되는 힘이 필요하다. 암흑에너지는 척력이니, 이 힘은 끌어당기는 인력이다. 암흑에너지와 반대이니 이 힘에는 '백색에너지'라고 이름 붙이면 어떨까?

엔트로피와 네트로피를
오간다면

우리 우주는, 엔트로피와 네트로피가 주기를 갖고 반복하는 우주가 될 수 있지 않을까? 봄이 지나면 여름이 오듯이, 엔트로피의 우주와 네트로피의 우주가 번갈아 나타나는 것이다. 지금은 가속 팽창하는 엔트로피의 우주다. 시간이 흐르면 결국 질서 있는 모든 것들은 분해되면서 사라질 것이다. 고층 빌딩도, 컴퓨터도, 생명체도, 물질을 이루고 있는 양성자나 중성자도 모두 붕괴한다. 소립자로 분해된 우주는 흐릿해지고 결국에는 열 죽음에 이른다.

열 죽음에 이르는 순간 우주의 부피는 최대가 된다. 이때 우주의 기운은 방향을 바꾸게 되지 않을까? 소립자 하나가 삐끗하면서 옆에 있는 소립자 하나와 부딪칠 수도 있고, 일정했던 암흑에너지의 밀도가 출렁거릴 수도 있다. 우주의 가장자리가 벽 같은 장애물에 부딪혀 안으로 향하는 힘이 생길 수도 있고, 조물주가 '후' 하고 바람을 불 수도 있다. 그 사소한 사건으로 인해 우주의 계절은 바뀌어, 네트로피의 우주 시대가 열릴지 모른다.

네트로피의 시대에는, 질서의 신이 기지개를 켜며 꼬물꼬물 활동한다. 강한 인력이 작용해 소립자가 결합하며 공간이 꿈틀거린다. 결합의 속도가 서서히 빨라지면서 물질과 생명체가 또 출현한다. 우주는 꿈틀대며 가속 수축하다가 결국 한 점이 되어 사라진다. 그러다 빅뱅이 다시 출현하며 엔트로피의 시대가 또 열리고….

엔트로피와 네트로피를 반복하는 우주는 팽창과 수축을 반복할 것이다. 에너지를 주거니 받거니 하면서 우주는 영원히 지속된다. 우주가 수축한다고 해서, 우주가 팽창했을 때의 사건이 거꾸로 반복되는 건 아닐 것이다. 영화처럼 똑같은 장면이 거꾸로 감기는 것과는 다를 것이다.

매해 맞이하는 벚꽃이지만 색과 향기가 조금씩 다르듯이, 네트로피의 우주와 엔트로피의 우주 역시 그 모습이 다를 것이다. 사소한 움직임과 사건의 영향을 받아 우주의 이야기는 달라진다. 그 이야기의 변수인 생명체 또한 달라진다. 출연자와 각본이 미리 정해지지 않은 영화가 매번 만들어지는 셈이다. 조물주는 그 영화를 흥미진진하게 지켜볼 것이다. 언젠가 인간은 그런 조물주를 깨닫겠지만 그래도 뾰족한 수는 없다. 운명을 사랑하는 것뿐.

불로장생
캡슐

노화는 엔트로피의 자연스러운 결과물이다. 그 노화를 늦추거나, 젊음의 상태로 돌아가는 방법은 신체의 엔트로피를 줄이는 것이다. 즉 네트로피를 증가시키면 된다. 만약 네트로피를 증가시켜 주는 에너지의 비밀을 밝혀낸다면, 그 에너지로 가득한 캡슐을 만들어 낼 수 있다. 그 공간에서만큼은 엔트로피가 줄어들어, 더욱 질서 있는 상태로 회복된다. 사람이 그 캡슐 안에 들어간다면 어떻게 될까? 그 사람은 더 젊은 상태로 회복될 것이다. 그 캡슐에 주기적으로 들어간다면 언제나 젊음을 유지하며 살아갈 수 있지 않을까? 그런 캡슐이 있다면 진시황이 꿈만 꿨던 불로장생이 가능해질 것이다.

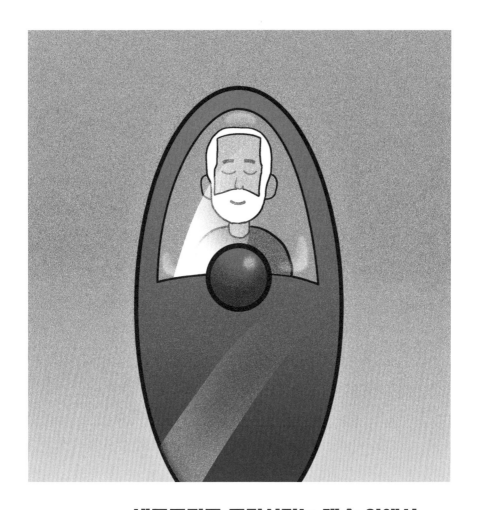

네트로피를 증가시키는 캡슐 안에서 젊은 몸으로 돌아간다

소수 차원의 도형
차원

상점에 들어가기 전에

× 지수와 로그

2^3은 2를 세 번 곱한다는 뜻으로 8이 된다. 여기에서 2 옆에 작게 표시한 3을 지수라고 한다. 지수 x를 알려 주면 2^x의 값이 얼마인지 알 수 있다. 이 관계를 뒤집어 보자. 어떤 값 y가 되게 하는 지수 x는 뭘까? $y=2^x$ 말이다. 이 x를 표현해 놓은 것이 로그다. log라는 기호를 써서 $x=\log_2 y$라고 한다. 로그는 지수의 역연산이다. $y=a^x \leftrightarrow x=\log_a y$.

× 프랙털 도형

20세기에서야 공식적으로 등장한 개념으로, 부분의 모양이 전체의 모양을 반복하는 도형을 뜻한다. 번개, 브로콜리, 해안선 등 그런 특성을 보이는 모양이 자연에는 많다. 프랙털 fractal은 '잘게 부서진'이라는 뜻이다. 오늘날에는 컴퓨터를 통해 이를 제대로 다룰 수 있게 되었다. 프랙털 도형은 기존 도형과 달라서, 프랙털 기하라는 수학을 탄생시켰다.

× 차원

차원은 흔히 점의 위치를 표현하는 데 필요한 수의 개수를 가리킨다. 차원이 높을수록 더 복잡하고 다양한 움직임과 변화가 가능하다. 일상에서는 능력이나 학식의 수준을 빗대어 말하기도 한다. 현실적 공간은 3차원이다. 과학은 4차원 시공간이네 11차원이네 하며 차원의 수를 높여 간다. 수학에서는 무한 차원까지 가능한 것을 보면, 역시 수학은 차원이 다르다.

○ ○ ○

1편

오늘은 초등학교 선생님 한 분이 매스아이디어숍을 찾아 주셨다. 키가 작고 검은 피부에, 몸에 딱 맞게 입은 블랙진이 잘 어울리는 30대 후반의 여성이었다. 딱 봐도 개성 있고, 자기 일에 열심인 분이라는 걸 알 수 있었다.

"어떤 초등학생 아이가 질문한 것 때문에 왔습니다."

"무슨 질문일까요? 아이들의 질문은 종잡을 수가 없잖아요."

"네. 그럴 때가 참 고달파요. 수학 시간이었는데 평면 도형과 공간 도형을 공부할 때였어요. 2차원이네 3차원이네 하는 이야기를 곁들이며, 넓이와 부피를 계산했어요. 그런데 변의 길이가 모두 3.14 같은 소수더라고요."

도형이나 공간과 관련된 문제일 것이라고 짐작하며 이야기에 집중했다. 초등학교 수학 시간에 어떤 것을 공부하는지 기억을 되살려 보려 했다.

"한 학생이 손을 들더군요. 왜 머리 복잡하게 소수로 문제를 내냐며 짜증을 내더라고요."

"정말 그래요. 도형이 계산 문제가 되어 버리잖아요."

"그래도 맞장구쳐 줄 수는 없잖아요. 소수를 사용해야 길이를 더 정확하게 측정할 수 있는 거라고, 자연수만으로는 정밀해질 수 없다고 둘러댔죠."

선생님의 고충이 이해되었다. 분수나 소수가 포함된 계산 문제로 학생들의 변별력을 높여야 하는 게 현실이었다.

"그런데 그 학생이 뜬금없이 차원에 관한 문제로 넘어가는 거예요. 차원에는 소수가 없냐는 거였어요. 차원을 측정할 때도 소수를 사용하면 더 정밀해지는 거 아니냐고 묻더라고요."

"당돌하지만 상상력이 풍부한 학생이로군요. 뭐라고 답변해 주셨어요?"

"저는 그런 걸 생각해 본 적도 없어서, 뭐라 말도 못 하고 멍하게 서 있었죠. 다른 학생들도 처음에는 황당해하며 잠잠했어요. 그러더니 제 표정을 보고 재미있어하며 웃더라고요. 얼마나 창피하던지…. 그래서 소수 차원이란 게 가능하기나 한 건지 알고 싶어서 왔습니다. 제대로 답변해 체면을 세울 수 있도록 좀 도와주세요."

차원이라면
0, 1, 2, 3, 4!

우리는 3차원 공간에서 살아간다. 그래서 앞뒤 좌우만이 아니라 위아래로도 움직일 수 있다. 아인슈타인은 그 3차원 공간에 시간 하나를 더해 4차원 시공간을 만들었다. 같은 공간일지라도 시간이 달라지면 경험하는 세계도 달라진다.

차원이 높아진다는 것은, 움직일 수 있는 방향이 더 많아진다는 것이다. 그만큼 움직임이 자유롭고, 제한이 없다. 2차원에 사는 존재는 앞뒤로만 움직이지만, 3차원에 사는 존재는 위아래로도 움

직인다. 그래서 수준이 높은 누군가를 만났을 때, "나보다 차원이
높다"라고 말한다.

일상적인 차원의 세계에서 익숙한 수는 0, 1, 2, 3, 4 정도다. 0
차원은 점, 1차원은 선, 2차원은 면, 3차원은 공간, 4차원은 시공간
이다. 거기서는 실제적으로 오직 5개의 수만 쓰인다. 우주의 구조
와 원리를 밝혀 가는 초끈이론이나 M이론에서는 11차원도 이야기
한다지만, 아직 검증되지 않은 상상 속의 차원에 불과하다.

수학이 만드는
차원

수학에서 차원은 어떤 점의 위치를 나타내는 데 필요한 숫자의 개
수를 말한다. 점만 있는 세계에는 그 무엇도 존재하지 않는다. 점
말고는 다른 대상이 없기에 굳이 수로 표시하지 않아도 된다. 그래
서 0차원이다. 1차원인 수직선 위의 점들은 하나의 수만으로 모든
점의 위치를 확정할 수 있다. 평면 위의 점은 (3,4)처럼 2개의 수가
필요하므로 2차원이다. 우리가 살아가는 공간의 점은 (x,y,z)로 표
현되기에 3차원이다.

수학에서는 차원을 쉽게 높여 갈 수 있다. 콤마를 찍고 수
를 더하기만 하면 된다. 3차원인 (3,4,5)에 수 3개를 추가하면
(3,4,5,6,7,8)처럼 6차원이 된다. 물리적 공간을 고려할 필요가 전

혀 없기 때문에, 수학은 차원을 무한까지 확장할 수 있다.

필요한 수의 '개수'를 차원이라고 한다면, 차원은 0을 포함한 자연수일 수밖에 없다. 차원을 무한까지 확장하더라도 자연수를 벗어나지 않는다. 개수의 세계에서 $\frac{1}{3}$ 개, 3.5개, −2개는 자연스럽지 않다. 그래서 차원에는 분수나 소수, 음수가 존재하지 않는다. 그러나 수학은 3.14 같은 소수 차원의 개념을 이미 만들어 놓았다.

차원의
역사

기원전 3세기의 수학자 유클리드Eucleides는 차원에 대한 이론적 접근을 시도했다. 그는 점, 선, 면을 차원이 다른 도형으로 서로 구별했다. 도형의 경계에 기반을 둔 정의였다. 일상적인 물체인 입체를 둘러싸고 있는 경계는 면이다. 그 면의 경계가 선이고, 그 선의 경계가 점이다. 유클리드는 3차원으로부터 2차원을, 2차원으로부터 1차원을, 1차원으로부터 0차원인 점을 유도했다. 0차원으로부터 확대해 가는 지금의 방식과 반대였다. 그의 정의에서 최고 차원은 3차원이었다.

우리에게 익숙한 차원의 개념을 제시한 사람은 17세기의 철학자이자 수학인인 르네 데카르트René Descartes였다. 그는 좌표를 도입해 차원을 명확하게 정의했다. 좌표축의 개수가 차원이기에, 축의 개수를 늘리기만 하면 차원을 높일 수 있었다. 그래서 데카르트의 정의는 차원을 확장시킬 가능성을 열어 주었다.

19세기의 수학자 앙리 푸앵카레Henry Poincaré는, 끝이 0차원이 되는 것을 1차원이라 했다. 끝이 1차원이 되는 것은 2차원이었다. 이런 식이면 3차원으로부터 4차원을 유도할 수 있었다. 끝 또는 경계가 3차원이 되는 것이 4차원이었다. 그의 생각에 따르면 4차원 이후의 차원도 수학적으로는 가능하다. (x,y,z,v,w)처럼 순서쌍에 콤마를 찍고 수 하나를 더 쓰면 된다.

프랙털 도형의
등장

코흐 곡선과 시어핀스키 삼각형

프랙털 도형으로 불리는 코흐 곡선Koch curve과 시어핀스키 삼각형 Sierpiński triangle이다. 코흐 곡선은 변의 모양이 반복되고, 시어핀스키 삼각형은 삼각형의 모양이 반복된다. 프랙털 도형은 이처럼 부분과 전체의 모양이 반복되는 특징이 있다. 자기 닮음 또는 자기 유사성을 무한히 반복한다. 번개, 나뭇잎, 브로콜리, 해안선의 모양처럼 자연에서도 자주 보이는 패턴이다. 이 프랙털 도형을 다루기 위해 새로 만들어진 수학이, 20세기 중반에 등장한 프랙털 기하다.

프랙털 도형도 도형이기에 차원이 있을 것이다. 그렇다면 프랙털 도형은 몇 차원일까? 코흐 곡선에서 반복되고 있는 부분 하나를 통해 살펴보자.

코흐 곡선의 변

코흐 곡선에서 변은 가운데 부분이 꺾인 직선이다. 그 직선에 있는 점들의 위치를 표현해 보자. 1차원 직선 하나만으로는 모두 표현하지 못한다. 면은 아니지만 그렇다고 완전한 직선도 아니다. 선과 면에 걸쳐 있다. 시어핀스키 삼각형에서 각 부분은 갈수록 면이 얇아져 거의 선에 가까워진다. 선과 면의 사이에 걸쳐 있다. 코흐 곡선이나 시어핀스키 삼각형은 기존 차원에 들어맞지 않는다.

프랙털 도형에도 차원을 부여해 주려면, 차원에 대한 새로운 해석이 필요하다. 그 해결책으로 등장한 것이 하우스도르프 차원Hausdorff dimension이다.

크기의 변화에
주목한다면

프랙털 도형에는 모양이 일정하게 반복되는 패턴이 있다. 펠릭스 하우스도르프Felix Hausdorff는 이 점에 착안해, 기존 도형과 프랙털 도형을 반복이라는 동일한 기준으로 묶을 수 있을지 살폈다. 그는 모양이 아닌 크기에 주목해, 크기가 어떻게 반복되는가를 살펴봤다.

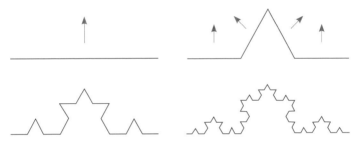

코흐 곡선

코흐 곡선에서 맨 처음 선분의 길이는 1이다. 이 선분의 크기를 3배로 키운 게 두 번째 선분이다. 그런데 코흐 곡선에서는 중간부분이 꺾이기에, 선분의 최종적인 길이는 4가 된다. 전체 크기가 3배가 될 때 실질적인 크기는 4배로 변한다. 그 패턴이 무한히 반복된다.

시어핀스키 삼각형에서는 삼각형이 반복된다. 처음 삼각형의 변의 길이는 1이다. 그 길이를 2로 늘린 게 두 번째 삼각형이다. 그

때 가운데 삼각형이 빠지면서, 넓이는 3배가 된다. 크기가 2배 될 때, 넓이의 크기는 3배로 변한다. 이 패턴이 무한히 반복된다.

프랙털 도형은 모양만 반복하는 게 아니다. 그 도형의 크기도 일정한 규칙에 따라 반복적으로 변한다. 그 규칙은 각 프랙털 도형의 특징에 따라 달라진다.

하우스도르프는 도형의 차원을 길이의 변화에 따른 크기의 변화라는 관점에서 바라본 것이다.

기존 도형과
프랙털 도형의 공통점

1차원 선, 2차원 정사각형, 3차원 정육면체가 있다. 여기에 변의 길이를 2배로 확대하면, 선은 맨 처음보다 2배(2^1) 길어진다. 정사각형의 넓이는 맨 처음보다 4배(2^2) 커지고, 정육면체의 부피는 처음보다 8(2^3)배 커진다. 길이가 3배가 되면, 선의 길이는 3배(3^1)가 된다. 정사각형의 넓이는 9배(3^2), 정육면체의 부피는 27배(3^3) 커진다. 정리하면 다음과 같은 규칙이 발견된다.

d차원의 도형 : 길이를 m배 하면 → 크기 $N=m^d$ 배

기존 도형에도 길이의 변화에 따른 크기의 변화에 일정한 규

칙이 있다. 프랙털 도형에서 발견된 규칙과 같은 규칙이다. 도형의 차원은 그 크기의 변화 정도를 결정해 준다. 한 변의 길이를 m배 늘렸을 때, 그 도형의 길이나 넓이, 부피 같은 크기는 m^d배만큼 커진다.

차원의 새로운
정의와 공식

이제 차원을 새롭게 정의할 수 있다. 차원이란, 어느 도형의 길이를 m배로 늘렸을 때 그 도형의 길이나 넓이, 부피가 몇 배로 늘어나는가를 결정해 주는 요인이 된다. 새로운 차원 공식은 다음과 같다.

$$N = m^d \text{ (m:변의 길이 증가율, d:차원, N:크기의 증가율)}$$
$$\rightarrow \text{차원 } d = \log_m N = \log N / \log m$$

이 공식을 적용하더라도 기존 도형의 차원에는 변함이 없다. 선분의 길이를 2배로 늘일 때 선분의 크기는 2배가 된다. $2=2^d$에서 $d=1$이므로 1차원이다. 정사각형의 한 변의 길이를 2배 하면, 넓이는 4배(2^2)가 된다. $4=2^d$에서 $d=2$이므로 2차원이다. 기존 도형에 공식을 적용해도 차원에는 아무런 문제가 발생하지 않는다.

0차원인 점은 어떨까? 점에는 길이나 넓이 같은 크기 자체가 없

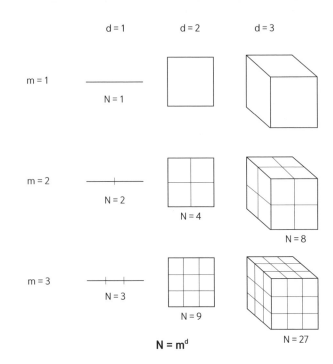

$$N = m^d$$

	1차원 선분	2차원 정사각형	3차원 정육면체
길이가 2배일 때	2^1	2^2	2^3
길이가 3배일 때	3^1	3^2	3^3
⋮	⋮	⋮	⋮
길이가 m배일 때	m^1	m^2	m^3

길이의 변화(m)에 따른 크기의 변화(N) 관계

다. 크기의 변화가 일어나지 않기에 언제나 $N=1$(1배), 즉 그대로다.

언제나 $N=1$이 되려면 차원은 0이어야 한다. $2^0=1$ 또는 $3^0=1$처럼, 어떤 수의 0제곱만이 1이기 때문이다. $d=0$이므로 0차원이다.

1.26차원,
1.58차원의 등장

차원의 공식 $N=m^d$을 이제 프랙털 도형에 적용해 보자. 코흐 곡선은 길이가 3배 증가할 때 크기가 4배 증가했으므로, $m=3$일 때 $N=4$이다. $3^d=4$이므로, 차원 d는 $\dfrac{\log 4}{\log 3}$이다. 그 값은 약 1.26 정도로 1차원과 2차원의 사이다. 시어핀스키 삼각형은 변의 길이가 2배 커질 때 넓이는 3배 된다. $m=2$일 때 $N=3$이므로 $2^d=3$에서 차원 d는 $\dfrac{\log 4}{\log 3}≒1.58\cdots$이다. 역시나 1차원과 2차원 사이다. 멩거 스펀지라고 알려진 프랙털 도형은 차원이 $2.73\cdots$이다.

코흐 곡선의 차원 : $3^d=4 → d≒1.26$
시어핀스키 삼각형의 차원 : $2^d=3 → d≒1.58$

프랙털 도형의 차원은 1.26이나 1.58 같은 소수다. 기존의 도형과 성질이 달랐던 프랙털 도형은 차원에서도 기존의 도형과 확연하게 다르다. 뭔가 딱딱 맞아떨어지니 신기하다. 차원은 이제 0과

양의 정수에서, 0과 양의 실수로 확장되었다. 그러면 차원의 의미도 더욱 넓어진다.

차원은 길이의 변화에 따라 도형의 크기가 변화하는 정도를 결정짓는 요인이라고 생각할 수 있다. 차원이 높을수록 길이의 변화에 따라 크기의 변화 정도가 더 심하다. 크기의 변화 방향이 그만큼 더 많기 때문이다.

차원
측정기

차원의 공식이 생겼으니 차원을 측정할 수도 있지 않을까? 차원 측정기가 있다면 어떤 도형이나 공간의 차원을 측정할 수 있을 것이다. 지구에서만이 아니라, 지구를 벗어나 우주에서도 활용 가능한 측정기가 있다면 우주 탐사에 유용하지 않을까? 우주에는 아마도 독특한 공간이 많을 것이다. 그런 공간을 만날 때마다 차원 측정기를 통해 차원을 알아보고, 그 값으로 그 공간의 특성을 파악할 수 있을 것이다.

차원 측정기는 일상에서도 활용 가능하다. 라면 값을 올리면, 라면의 판매량은 변할 것이다. 각각의 변화 정도를 파악해 차원의 공식에 대입해 보자. 라면 판매량이 라면 값에 대해 몇 차원인가를 알 수 있다. 영향력이 클수록 차원은 높게 측정될 것이다. 차원 측

차원 측정기에 물건을 올려
그 물건의 영향력을 측정한다

정기는 현상 간의 영향력의 관계를 수치로 알려 준다. 차원이 높은 요인이라면 웬만해서는 건드리지 않는 게 좋다.

소수 차원의 좌표계
메타버스

상점에 들어가기 전에

× 소수

소수는 1보다 작은 크기의 수를 말한다. 분수도 1보다 작은 크기를 표현하지만, 크기를 비교하거나 계산하기가 까다롭다. 단위가 다르기 때문인데, 그 문제점을 해결한 게 소수다. 분모를 10, 100처럼 10의 거듭제곱으로 맞춰 주었다. 그래서 소수를 뜻하는 영어 decimal에는 10분의 1이라는 뜻의 deci라는 말이 사용되었다. 소수는 계산에 편리해 일상에서 분수보다 더 자주 쓰이게 되었다.

× 좌표

좌표는 특정한 자리나 위치를 수로 정확하게 표현한 것이다. 5행 7열 또는 동경 131도 북위 37도처럼 내가 깔고 앉아 있는 자리의 위치가 좌표다. 좌표는 필요한 개수의 수를 묶어 순서쌍으로 표현한다. 좌표를 통해 점이나 도형은 수나 기호로 변한다.

× 메타버스

가상으로 만들어진 세계지만, 단순한 아바타가 아니다. 메타버스에서는 현실에서와 똑같이 집도 짓고, 자신의 스타일도 바꾸고, 친구와 놀고, 쇼핑도 한다. 메타버스는 현실을 초월한 가상의 공간이지만, 현실적 사건들이 똑같이 벌어지는 우주다. 그래서 새로운 생활 공간으로 주목 받고 있다. 무식하게 메타뻐스라고 발음하지 말자. 부드럽게 메타버스!

○ ○ ○

오늘은 메타버스 크리에이터 한 분이 찾아왔다. 다소 생소한 직업을 가진 여성이었다. 이 손님은 메타버스에서 근사한 자연환경의 이미지를 만들어 판매한다고 했다. '그런 걸 누가 살까?' 하는 생각이 들었는데, 찾는 분이 생각보다 많다고 한다. 현실 세계의 자연과는 다르면서, 자연스럽게 느껴지는 이미지가 인기 있다고 한다.

"소수 차원 때문에 여기 오셨던 분 기억하세요?"

"그럼요. 초등학교 선생님이셨잖아요. 차원에 관해, 한 차원 높은 아이디어를 말씀드렸죠."

"그분이 제 언니예요. 되게 놀랍고 신기했나 봐요. 집에서 그 이야기를 한참 하더라고요."

세상은 역시나 연결되어 있었다. 재미난 이야기는 꼬리에 꼬리를 물고 이어지듯이, 손님은 입소문을 타고 줄줄이 오는 거였다. 이번 손님에게도 최선을 다해야겠다고 다짐했다.

"메타버스 크리에이터라면, 수학과 큰 관련이 없을 것 같은데. 어떻게 오셨어요?"

"프랙털 때문에 왔어요. 소수 차원을 설명하시면서 프랙털 도형을 예로 드셨잖아요. 그 프랙털이 제 직업과도 관계가 있거든요."

"처음 듣는 이야기네요. 프랙털을 이용해 무얼 하시는 거죠?"

"저는 자연환경의 이미지를 창조할 때 컴퓨터 알고리즘을 쓰는데, 그게 프랙털을 활용한답니다."

처음 들어보는 이야기여서 어떤 알고리즘인지 구경해 보고 싶다고 했다. 그가 컴퓨터를 꺼내 알고리즘을 직접 보여 줬다. 조건을 설정해 알고리즘을 작동시키자 바위산이나 들판 같은 이미지가 만들어졌다. 신기하기 그지없었다.

"이미지에서 중요한 건 자연스러움이에요. 기괴하게 다른 모습이면 곤란하죠. 자연스러움을 만들어 내는 데 프랙털을 활용해요."

"무한히 자기 반복을 하는 프랙털의 성질을 이용하는 것 같습니다. 근데 뭐가 문제인 거죠?"

"저는 작업 방법을 알려 주고자 간간이 후배들에게 강의도 해요. 그때 좌표축이나 좌표계도 같이 다뤄요. 이미지를 만들어 내야 할 공간이니까요. 문득 이런 생각이 들었어요. 프랙털이 소수 차원이라면, 소수 차원의 공간을 위한 좌표계는 어떻게 될까? 자연수 차원의 좌표계와는 어떻게 다를까? 그걸 알면, 강의를 훨씬 세련되고 알차게 진행할 수 있잖아요."

차원과
좌표계

차원에 따라 점의 좌표는 달라진다. 1차원은 (3)처럼 수가 하나, 2차원은 (2,3)처럼 수가 둘이다. 좌표를 시각적으로 볼 수 있게 해주는 것이 좌표계다. 즉 좌표계란 좌표를 사용하는 체계 또는 시스템이라는 뜻이다.

좌표계는 좌표축을 그으면서 만들어진다. 좌표축끼리 서로 직교하는 직교좌표계가 가장 많이 사용된다. 우리가 사용하는 좌표축은 무한히 뻗어 간다. 화살표가 바깥을 향해 뻗어 가는데, 수가 계속 이어진다는 의미다. 차원의 개수와 축의 개수는 같다.

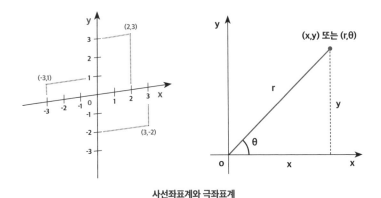

사선좌표계와 극좌표계

좌표축이 꼭 직교하라는 법은 없다. 좌표축 2개가 엇갈려 만나는 사선좌표계도 있다. 사선좌표계에서는 각 사분면의 상대적 크기가 같지 않다. 처음 보면 뭐 이런 좌표계가 있나 싶지만 사용에는 아무런 문제가 없다. 평면 위의 모든 점의 위치를 유일하고 정확하게 표현한다. 점의 위치를 거리와 각도로 표현하는 극좌표계도 있다. 원점으로부터 떨어진 거리(r)와, x축으로부터 떨어진 각도(θ)가 사용된다. 그렇게 표현해도 점의 위치는 고유하게 결정된다. 2개의 요소가 사용된다는 점은 직교좌표계와 같다. 그림에서 보듯이 2차원이다.

좌표축의 개수를 늘리면 3차원 공간에 있는 점의 위치가 표현된다. 직교좌표계 외에도 구면좌표계나 원통좌표계가 있다. 점의 위치를 표현해 내는 요소는 다르지만, 필요한 구성 요소의 수는 모두 같다. 그림처럼 3개가 필요한 3차원이다.

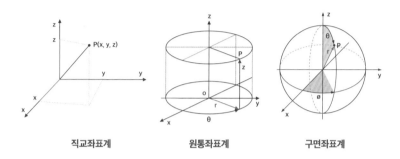

| 직교좌표계 | 원통좌표계 | 구면좌표계 |

팽창 또는 수축하는
공간을 위한 좌표계

다양한 좌표계가 있다지만, 화살표의 방향은 하나뿐이다. 오직 밖을 향한다. 무한히 많은 수가 필요하므로 화살표는 밖을 향해 쭉쭉 뻗어 나아간다. 무한히 넓은 공간이라는 느낌을 직관적으로 잘 표현해 준다.

무질서의 정도인 엔트로피와 질서의 정도인 네트로피를 기억하는가? 엔트로피가 커지면 공간은 확장된다. 엔트로피의 반대인 네트로피가 커지면 공간은 오히려 축소한다. 공간에도 확장하는 공간과 축소하는 공간이 있을 수 있다. 이런 특성까지도 좌표계가 표현해 준다면 더 좋지 않을까?

확장되는 공간 또는 축소되는 공간까지도 표현해 주는 좌표계를 상상해 보자. 무한한 공간만이 아니라, 어떤 성질의 공간인지를 좌표계가 표현해 주는 것이다. 그 성질을 화살표의 방향으로 하면 어떨까? 화살표가 밖을 향하는 좌표계는 확장하는 공간이고, 화살표가 안으로 향하는 좌표계는 수축하는 공간이다. 그렇더라도 수는 양옆으로 무한히 뻗어 간다.

소수 차원에서는
달라야 한다

일반적으로 차원의 수와 좌표축의 개수는 일치한다. 그 패턴대로라면 3.14차원의 좌표계는 3.14개의 좌표축으로 이루어져야 한다. 하지만 3.14개란 있을 수 없다. 3.14개의 좌표축으로 이루어진 좌표계는 존재하지 않는다.

소수 차원의 좌표계는 자연수 차원의 좌표계와 달라야 할까? 어느 부분을 어떻게 수정해야 할까? 이 문제를 고민하자니 어디서부터 생각해 가야 할지 난감하다. 이렇게 문제가 꼬일 때는 근본으로 돌아가는 게 효과적인 경우가 있다. 좌표 또는 좌표계의 존재 이유로 돌아가 보자.

좌표가 무엇이었던가? 일정한 차원의 도형에 속한 점의 위치를 수로 표현한 것이다. 따라서 소수 차원의 좌표 역시 소수 차원의 도형에 속한 점의 위치를 표현해 줘야 한다. 그럴 수 있도록 좌표계를 설정해 주면 된다.

프랙털 도형의 좌표

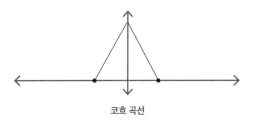

코흐 곡선

위의 그림은 대략 1.26차원인 코흐 곡선이다. 변의 길이가 3배 커지면 크기는 4배 커진다. 이 곡선 위에 있는 점의 위치를 좌표로 표현해 보자. 가운데를 제외한 양쪽 두 부분의 점들은 빨간색 좌표축 하나만 있어도 충분하다. 문제는 위로 툭 튀어나와 있는 가운데 부분이다. 빨간색 좌표축 하나만으로 그 점들의 위치를 모두 표현할 수는 없다. 그 점들의 위치를 표현하려면 좌표축이 하나 더 있어야 한다.

코흐 곡선의 점들을 위한 좌표는 결국 (x,y)가 되어야 한다. 2차원 평면 위에 있는 점의 좌표와 같다. 2차원 좌표가 실제로 적용되는 부분이 코흐 곡선의 일부분이기는 하지만 어쩔 수 없다. 1차원과 2차원 사이의 소수 차원에서는 2차원과 같은 좌표가 필요하다.

코흐 곡선과 패턴은 비슷하지만 구부러지는 각도가 다른 프랙털 도형들이 있다. 각도가 다른 만큼, 모양도 차원도 각각 다르다. 구부러진 각도가 클수록 차원은 2에 가까워진다. 선보다는 면에 가까운 공간을 만들어 낸다. 90도로 꺾이는 것을 반복하는 공간은 2차원 평면이다. 이 프랙털 도형들을 위한 좌표는 모두 (x,y)가 된다.

멩거 스펀지로 이해하는
소수 차원의 좌표계

멩거 스펀지Menger sponge라는 프랙털 도형은 3차원 정육면체로부터 변형이 시작된다.

각 면의 가운데 부분이 제거되는 작업이 무한히 반복된다. 차원은 대략 2.72 정도로 3차원에 가깝다. 부피가 0에 가까워지는 도형이지만 이 도형에 있는 점의 좌표는 (x,y,z)가 되어야 한다. 3차원 좌표가 되어야 2.72차원 도형에 있는 점의 위치를 모두 표현해 낸다.

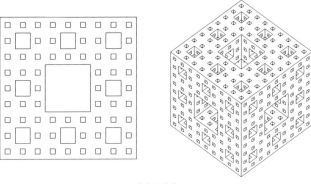

맹거 스펀지

1차원의 좌표는 (x)이다. 차원이 1보다 커지면, 좌표는 (x,y)가 되어야 한다. 1.1차원도, 1.534차원도, 1.99차원도 2차원이 되어도 좌표는 (x,y)이다. 2보다 큰 차원의 좌표는 (x,y,z)이다. 이 패턴에 따르면, 좌표축의 개수는 차원을 올림한 값과 같다.

좌표의 목적은 점의 위치를 수로 표현하는 것이다. 소수 차원이더라도 점의 위치를 표현하기 위해 필요한 좌표축의 개수는 차원을 올림한 자연수가 된다. 소수 차원의 좌표계라고 해서 특별할 것은 없다. 일반적인 좌표계를 똑같이 사용하면 된다.

차원(d)	좌표 순서쌍	좌표축 개수
d=1	(x)	1
1 < d ≤ 2	(x, y)	2
2 < d ≤ 3	(x, y, z)	3
3 < d ≤ 4	(x, y, z, u)	4
⋮	⋮	
n−1 < d ≤ n	$(x_1, x_2, x_3, \cdots, x_n)$	n

차원에 따른 좌표의 순서쌍과 개수

메타버스와
프랙털 도형

부분의 모양이 전체의 모양을 반복하는 프랙털 도형은, 해안선이
나 번개, 브로콜리처럼 자연의 형상에서도 목격된다. 그래서일까?
프랙털을 활용하면 신비한 문양이나 자연스러운 풍경 이미지를
만들 수 있다. 프랙털로 실제 자연 풍경 같은 그래픽을 만들 수 있
는 사이트도 있다(www.fractal-landscapes.co.uk). 프랙털로 만든 자
연스러운 컴퓨터그래픽은 게임이나 영화와 같은 곳에서 활용된다.
그렇다면 메타버스 같은 공간에서도 활용될 수 있지 않을까?

　메타버스는 21세기에 들어서 부각되고 있는 세계다. '초월'이
라는 뜻의 meta와 '우주'를 뜻하는 universe의 합성어로, 현실을
초월한 우주쯤으로 해석할 수 있다. 가상공간인데도 굳이 우주라
는 말을 붙인 이유가 있다. 아바타처럼 현실의 존재를 대변하는 데
서 그치지 않고, 현실 세계에서 벌어지고 있는 일들이 그곳에서도
실제로 벌어지기 때문이다.

　온라인 가상공간이지만 메타버스에서는 친구도 만나고, 게임
도 하고, 매장을 방문해 옷도 구경하고 물건도 산다. 자기 집이나
자신의 외모도 이리저리 맘껏 꾸민다. 현실 세계의 사람이나 건물,
도시, 기업들도 그곳으로 이주해 가고 있다. 그렇기에 메타버스는
현실적인 일 대부분이 가능한 또 하나의 우주인 것이다.

　가상공간이기에 메타버스는 현실을 가볍게 초월해 버린다. 현

실에서 가능한 일만이 아니라, 현실에서 불가능한 일도 얼마든지 할 수 있다. 예를 들어 외모를 원하는 대로 얼마든지 순식간에 바꾼다. 하늘을 날아다니고, 깊은 바다를 항해하고, 먼 우주로 여행도 간다. 현실에서는 물리적 제한 때문에 불가능한 일들이 메타버스에서는 자연스럽게 가능해진다.

메타버스에서는 현실과 다른 생태계가 형성되어 가고 있다. 그곳에서 활동하는 크리에이터들은 오늘도 새로운 환경과 존재, 사건을 창조해 간다. 그렇기에 메타버스에서도 프랙털 이미지는 다양하게 활용될 수 있다. 프랙털을 활용하면 독특하면서도 신비로운 문양, 자연스럽지만 색다른 환경 이미지를 창조해 낼 수 있기 때문이다. 새로운 우주인 메타버스에는 새로운 도형인 프랙털이 제격이다.

외계 행성
크리에이터

현실에서건 메타버스에서건 사람들은 지구 바깥의 우주에 관심이 많다. 실제 탐사를 벌이는 현실과 달리 메타버스에서는 무한한 상상력으로 외계 행성을 그려 간다. 언젠가 외계인이나 행성의 모습을 전문적으로 구현해내는 전문 크리에이터가 등장하지 않을까? 외계 행성은 같은 우주에 속하지만 지구와는 환경이 다를 것이다.

외계 행성 크리에이터는
지구 바깥의 우주를 전문적으로 구현한다

외계 행성 크리에이터는 프랙털을 활용해 자연스럽지만 지구와는 다른 외계 행성의 모습을 창조해 낸다. 이곳에 접속하면 진짜 외계 행성에 온 것 같은 기분이 들 것이다. 가상으로 만든 외계 행성은 상상력과 기술력을 멋지게 결합한 공간이라고 할 수 있다.

수학이 만드는 새로운 기술

SPACE FINDER

+0과 -0이 있는 수 체계 + 반도체

0으로 나눌 수 있는 연산 + 블랙홀

1보다 큰 확률 + 유전자 가위

소수인 경우의 수 + 인공지능

하나가 여러 개와 대응하는 함수 + 머신러닝

+0과 -0이 있는 수 체계
반도체

상점에 들어가기 전에

× 2진법

진법이란 몇 개를 묶어 큰 단위를 만들어 가는 방법이다. 연필을 12자루 모아 한 다스, 달걀을 30개 묶어 한 판이라고 하는 식이다. 아라비아 숫자는 10개씩 묶어 큰 단위를 만드니까 10진법이다. 일, 십, 백, 천… 이렇게 수를 센다. 2진법은 2개씩 묶어 큰 단위를 만들기에, 0과 1이라는 2개의 숫자만 있다. 컴퓨터가 2진법을 쓰면서, 2진법 수 체계도 중요해졌다.

× 보수

각 자리의 숫자가 일정한 수가 되기 위해 필요한 수다. 4는 9가 되려면 5가 필요하기에, 5는 4에 대한 9의 보수다. 10의 보수는 결국 그 자리의 수를 0이 되게 한다. 4에 대한 10의 보수는 6이다. 보수가 중요해진 건 컴퓨터 때문이다. 컴퓨터는 연산하는 과정에서 음수를 표현하기 위해 2의 보수를 쓴다.

× 반도체

반도체는 전기가 통하는 도체와 전기가 통하지 않는 부도체의 중간 물질이다. 조건에 따라 전기가 통하기도 하고 안 통하기도 한다. 이 성질을 이용해 컴퓨터의 전기적인 신호를 처리한다. 컴퓨터의 성능을 좌우하는 핵심 부품이다. 오늘날에는 더욱 좋은 성능의 반도체를 생산하고 공급받기 위한 반도체 전쟁이 펼쳐지고 있다.

○ ○ ○

오늘은 인터넷에서 수학을 강의한다는 강사 한 분이 찾아왔다. 인터넷 강사라서 그런지 머리 모양이 화려했다. 영락없는 사자머리에, 머리카락은 울긋불긋한 색으로 염색되어 있었다. 어디서 보더라도 시선을 한눈에 사로잡는 패션이었다.

"저는 인터넷으로 수학을 강의합니다. 한 편의 영화를 찍는다고 생각하면서요."

"수학을 영화처럼 재미있게 강의한다는 말씀이죠?"

"재미있어야 하는 건 기본이죠. 재미를 넘어 감동을 전하고 싶어요. 수학의 독창적인 아이디어가 주는 짜릿함을 감동적으로 전해 주는 거죠."

수학을 전공한 사람이라 추구하는 깊이가 달랐다. 남들의 시선만을 끌어 보겠다는 게 아니었다. 그 시선을 타고 들어가 감동까지 전해 보겠다는 포부를 가진 분이었다. 나는 이 손님의 사연이 더욱 궁금해졌다.

"제가 연산을 강의할 때였어요. 0을 설명하면서 $(+4)+0=+4$, $(-4)+0=-4$라고 말했죠."

"0의 연산이었군요. 0을 더해도 크기가 변하지 않는다!"

"네. 너무도 당연한 이야기였죠. 근데 그 식을 본 어느 시청자가 의외의 질문을 했어요."

말을 잠시 멈추고 그는 그 수식을 내 앞에 직접 적었다. 그때의 기억이 되살아났는지 아무 말이 없었다. 그 침묵을 어색해하며, 나는 초조하게 다음 말을 기다렸다.

"시청자가 그러더라고요. 그 식은 이상하다고요. +4는 수에 부호까지 있지만, 0은 부호가 없어요. 크기만 있는 거죠. 그런데 그 둘을 어떻게 더할 수가 있냐는 거예요. 두 수의 성질이 다른데 덧셈을 한다는 게 이해가 되지 않는다 했어요."

듣고 보니 일리가 있어 보였다. 기존 연산 규칙이 그 시청자의 지적대로 뭔가 논리적으로 안 맞는 것 같았다. 그 강사가 꽤나 당황스러워했을 것 같았다. 내가 그 자리에 있지 않았던 게 다행스럽게 느껴지기까지 했다.

"처음에는 그분이 규칙을 제대로 이해하지 못한 거라고 생각했어요. 그런데 곰곰이 생각해 보니 그분 생각이 완전히 틀린 것 같지는 않더라고요. 성질이 다른 두 수를 더한 거니까요."

"그 시청자는 0에도 부호가 있어야 한다고 생각했겠네요?"

"네. 그분은 0에도 부호가 있어야 말이 된다고 생각했어요. +0일지 −0일지는 모르겠대요. 하여튼 모든 수가 부호를 가져야 하는 거 아니냐는 거죠. 그래야 논리적으로 맞다는 거예요. 듣고 보니 일부 수긍이 되더라고요. 그래서 '+0이나 −0이 존재할 수도 있을까?' 하고 고민하다가 이렇게 왔습니다. 이 문제에 대한 해결책을 시청자들에게 전하고 싶어서요."

모든 수에는 부호가 있지만
0은?

$$+3, +\sqrt{2}, +\frac{2}{3}, -\frac{1}{2}, -\sqrt{3}, -10, \cdots$$

모든 수에는 플러스(+)와 마이너스(-) 같은 부호가 있다. 사람이 자신의 이름을 밝히듯이, 수라면 양수인지 음수인지를 밝혀야 한다. 유일한 예외가 있는데 0이다. 0에는 부호가 붙지 않기에, +0도 -0도 아니다. 그저 0일 뿐이다.

미분과 적분에서 +0과 -0이 나오기는 하지만, 그건 일반적인 수가 아니다. +0은, 0보다 큰 쪽에서 0에 다가가는 것을 말한다. -0은 0보다 작은 쪽에서 0에 수렴한다는 뜻이다. +0과 -0은 수가 아니라 극한을 나타내는 기호다.

0은 양수와 음수를 구분하는 기준이자 중간 지대이기 때문에 부호가 없다. 그 0이 있어서 양수와 음수가 존재한다. 그런 상황에서 +0이나 -0이 존재한다고 해보자. 그럼 그 +0과 -0의 기준이 되는 수는 무엇인가? 0이 아닌, 양수와 음수의 기준이 되는 다른 수가 존재해야 한다. 0더러 0이 아니라고 말하는 셈이다.

그렇다면 0을 기준으로 하되, +0과 -0을 추가하는 방법을 떠올릴 수 있다. 이때 +0과 -0은 0과 같은 수일까, 다른 수일까? +0, -0, 0 사이의 관계 설정이 애매해진다. +2와 -2가 다르다는 논리대로라면, +0과 -0 역시 부호가 다르니 서로 달라야 한다.

+0과 -0이 다른 수라면, 수직선에서 다른 위치에 점으로 찍혀야 한다. +0과 -0이 찍힐 점의 위치는 어디인가? 아무리 뒤져 봐도 +0과 -0을 위한 자리는 없다. 0을 반으로 나눠 +0과 -0으로 한다고? 그건 소꿉놀이에서나 가능하다. 점은 아예 부분이 없을뿐더러, 점 하나에 서로 다른 수가 대응되는 일도 일어나지 않는다.

+0과 -0이 다르다면 4-4 같은 연산의 답을 뭐라고 할지도 애매해진다. 4-4는 0인가 +0인가 -0인가? 난감해진다. 하여간 현재 수학에서 +0과 -0을 위한 공간은 없다. 그런 수가 필요하다면, 이미 만들어져 사용되었을 것이다.

지금의 수학은 부호가 없는 0만을 대상으로 한 우주다. +0과 -0은 그 우주의 어디에도 속하지 않는 별이다. 우리은하와는 질적으로 다른 은하에서나 존재할 수 있을 것 같다.

있던 부호가 사라지고,
없던 부호가 등장하고

$$(+4)+(+3)=+7, (+4)+(-6)=-2, (+4)+(-4)=0$$

수는 크기와 부호를 가지고 있기에, 연산에서도 부호와 크기를 구분해서 다룬다. 연산의 결과 역시 부호와 크기를 갖기 마련이다. +7이나 −2와 같이 양수 또는 음수가 된다.

(+4)+(−4)=0처럼 크기가 같고 부호가 다른 두 수의 합은 0이다. 당연해 보인다. 근데 이상하게 보자면 이상한 구석은 있다. 부호와 크기를 가진 수를 연산했는데, 결과에서는 부호가 사라지고 크기만 남았다. 부호는 어디로 가 버린 걸까? 수의 일반적인 규칙대로라면 둘 다 남아야 하지 않을까?

(+4)+0=+4은 더 이상하다. 부호와 크기가 있는 수 +4에, 크기만 있는 수 0을 더했다. 이건 마치 성질이 다른 사과와 바나나를 더한 것과 같다. 그럴 수는 없다. 덧셈이 가능하려면 두 수의 성질이 같아야 한다. 분수의 덧셈에서 굳이 통분을 하는 이유도, 두 수의 성질을 같게 해주려는 것이다. 그런데 +4와 0은 사실 성질이 같지 않다. +4는 부호와 크기가 있지만, 0에는 크기만 있다. 그런데도 아무 문제 없는 것처럼 덧셈을 해서, 수와 크기를 가진 +4가 되어 버렸다는 게 이상하다.

0이 포함된 연산은 엄밀하지 않은 구석이 있어 보인다. 부호가 있는 수들의 연산에서 부호가 없는 0이 나오고, 부호도 없는 0을 더했는데 부호가 있는 수가 만들어진다. 물론 0만 예외로 하자고 약속해 버리면 문제될 것은 없다. 하지만 모든 수가 부호와 크기를 갖도록 수 체계를 만든다면 더 좋지 않을까?

컴퓨터에는 있는
+0과 −0

놀랍게도 +0과 −0은 이미 사용되고 있다. 일반적인 수학은 아니지만, 수학을 응용하는 곳에서 그 존재를 드러내고 있다. 그곳에서는 +0과 −0을 필요로 한다. 그곳은 바로 반도체를 사용하는 컴퓨터다.

컴퓨터는 수치 데이터를 연산해 정보를 처리하는 기계다. 그 일을 해내기 위해 컴퓨터가 꼭 필요로 하는 게 반도체다. 반도체는 반은 도체이고 반은 부도체인 물질이다. 어느 경우에는 전기가 통하는 도체, 어느 경우에는 전기가 통하지 않는 부도체가 된다. 보통은 상온에서 도체, 낮은 온도에서는 부도체 역할을 한다. 컴퓨터는 반도체의 이러한 성질을 활용한다. 전기가 통하는 것과 통하지 않는 것의 두 가지 신호를 이용해 데이터를 저장하고 처리하는 것이다.

반도체를 컴퓨터에 활용하면서 컴퓨터의 성능은 매우 빠르게 좋아졌다. 트랜지스터라는 부품을 통해 전기적인 신호를 빠르고 신속하게 제어하는 게 가능해졌다. 그런 트랜지스터를 얼마나 작게, 그리고 얼마나 많이 집적하느냐에 따라 컴퓨터의 성능이 좌우된다. 18~24개월마다 제품의 성능이 2배씩 좋아진다는 '무어의 법칙'도 반도체를 두고 한 말이었다.

자율주행차나 인공지능이 발달하면서 반도체가 집적된 회로가 더 중요해졌다. 엄청나게 많은 데이터를 실시간으로 주고받으며 계산하기 위해서는 그 정도의 연산을 뒷받침해 줄 반도체가 필요하기 때문이다. 괜히 반도체 전쟁이라고 하는 게 아니다. 고성능의 반도체 생산과 공급에 각 기업이나 국가의 사활이 걸려 있다.

컴퓨터에서 처리하는
2가지 신호

반도체를 사용하는 컴퓨터에서 정보는 2개의 신호로 처리된다. 수학으로 치면 2진법이다. 전기가 통하는 것과 통하지 않는 것을 0과 1의 신호로 표현한다. 정보 저장의 최소 단위는 비트^{bit}인데, 비트 하나에 0 또는 1을 저장한다. 그 비트 8개를 묶은 게 정보의 기본 단위인 바이트^{byte}다. 컴퓨터는 이 바이트에 수나, 문자, 기호 등을 저장한다.

　수를 표현할 때 빼먹지 말아야 할 게 있다. 0을 제외한 모든 수가 갖고 있는 부호다. 그 부호를 표현하기 위해 컴퓨터는 아예 비트 하나를 할당한다. 맨 앞의 비트가 부호를 뜻하는데, 0은 (+)이고 1은 (-)를 나타낸다. 나머지 비트에 그 수의 크기를 표현한다. 이를 '부호화 크기 표현법'이라고 부른다.

　4비트를 예로 들어보자. 맨 앞의 비트는 부호를, 나머지 비트 3개는 수의 크기를 표현한다. 그러므로 4비트에서는 0000에서 1111

까지, 즉 −7부터 +7까지의 수를 표현할 수 있다. 그중에서 −3부터 +3까지는 아래와 같다.

+0: 0000 −0: 1000
+1: 0001 −1: 1001
+2: 0010 −2: 1010
+3: 0011 −3: 1011

부호화 크기 표현법에서는 +0과 −0이 등장한다. 부호가 있는 수를 연산하기 위해 미리 부호를 부여해 버렸기 때문이다. 그 결과 0을 포함한 모든 수들은 부호를 가진다. 컴퓨터에서는 부호가 없는 0이 존재할 수 없는 것이다.

연산에서
말썽이 생긴다

그런데 부호화 크기 표현법에는 문제가 하나 있다. 일단 +0과 −0이라는, 현실 수학에서는 들어보지도 못한 2개의 0이 등장한다. 그러나 더 큰 문제점은 연산에서 발견된다. 논리적으로 모순되는 의외의 연산 결과가 나오기도 한다.

2진법에 따라 +1과 −1을 더해 보자. 4비트 표기법으로 +1과

−1에 해당하는 수를 찾아 더해 보면 된다.

$$+1 : 0 0 0 1$$
$$+ \quad -1 : 1 0 0 1$$
$$1 0 1 0 \rightarrow -2$$

+1인 0001과 −1인 1001을 더해 보라. 각 자리의 수를 더하되, 그 합이 2가 되면 0이라고 적고 1을 받아올림 해준다. 그러면 결과는 10진법의 수로 −2인 1010이 된다. 원래 문제는 (+1)+(−1)이었기에, 합의 결과는 당연히 0이어야 한다. 그러나 계산 결과는 −2이기에 논리적으로 모순이다. 부호화 크기 표현법을 사용하다 보니 발생하는 문제점이다.

+0이 있어야
제대로 돌아간다

앞서 살펴봤듯 컴퓨터가 연산을 보다 간결하고 정확하게 하기 위해서는 다른 표기법이 필요하다. 그래서 '2의 보수 표현법'이 등장했다. 각 자리의 숫자 합이 2가 되게 하는 수로 표현한다는 뜻이다. 2진법의 컴퓨터에서는 결과적으로 0이 되게 한다는 것이다. 4비트로 치면 0000이다. 이 표현법에서 수는 아래와 같다.

$$+0: 0000 \quad -1: 1111$$
$$+1: 0001 \quad -2: 1110$$
$$+2: 0010 \quad -3: 1101$$
$$+3: 0011 \quad -4: 1100$$

2의 보수 표현법에서는 +0이 존재하고 −0은 없다. 문제는 음수인데, 음수는 양수에 대한 2의 보수로 표현한다. (+1)+(−1)=0처럼 같은 크기의 양수와 음수를 더하면 0000이 되게끔 한다. 2의 보수 표현법에 따르면, −1은 +1인 0001을 더했을 때 0000이 되게 하는 수여야 한다. 그 수가 바로 1111이다. 그래서 +3인 0011과 −3인 1101을 더하면 0000이 된다.

연산을 직접 해보면 2의 보수 표현법이 좋다는 것을 체감할 수 있다. 2진수의 덧셈만 정확히 하면 올바른 계산 결과가 나오기 때문이다. 10진법에서 (+3)+(−4)=−1인데, 2의 보수 표현법에서도 그렇다. 그러니 연산하기에 아주 편리하다.

$$\begin{aligned} 0011 \;&\rightarrow\; +3 \\ +\;1100 \;&\rightarrow\; -4 \\ \hline 1111 \;&\rightarrow\; -1 \end{aligned}$$

2의 보수 표현법에서도 +0은 존재한다. 우리에게 익숙한 수학과는 다르지만 컴퓨터는 그 표현법으로 사칙연산을 문제없이 해결한다. 덧셈의 원리에 의해 작동하는 컴퓨터는 뺄셈을 음수의 덧셈으로 바꿔 연산해 버린다. 그 덧셈과 뺄셈을 활용해 결국 곱셈과 나눗셈도 해결한다.

+0의 반란,
어디까지 가능할까

+0과 −0은 컴퓨터를 통해서 등장했다. 수의 부호와 크기를 함께 표기하기 위해 의도적으로 고안되었다. 하지만 아직 인간의 수 체계에 미치는 영향은 없는 것 같다. 아예 그 존재 자체를 모르는 사람들도 많다. 그저 컴퓨터의 세계에서 일어난 작은 해프닝 정도일 뿐이다.

그래도 +0과 −0은 어쩌면 미래에 중요한 수가 될지도 모른다. 전깃불처럼 켜자마자 존재감을 드러내는 존재도 있지만, 기후 온난화처럼 아주 오랜 시간이 지난 뒤에야 모습을 드러내는 존재도 있지 않은가!

음수는 기원전 중국에서 그 모습을 처음 드러냈다. 처음에는 수로 여겨지지 않았다. 작은 수에서 큰 수를 빼야 하는 상황을 해결하기 위해 도입한 임시방편일 뿐이었다. 그러다가 2,000년 가까운 시간이 흐르면서 공식적인 수로 인정받았다. 16세기에 처음 등장한 허수 i 역시 음수와 비슷한 과정을 거쳤다. 처음에 허수는

$x^2 = -1$처럼 제곱해서 음수가 되는 방정식을 풀기 위해서 임시로 고안된 수단이었다. 그러다 몇백 년이 흐르면서 서서히 공식적인 수로 인정받았다.

+0과 −0은, 컴퓨터로 수를 처리하기 위한 과정에서 임시로 도입되었다. 음수나 허수가 등장하게 된 배경과 굉장히 유사하다. 그렇기에 +0과 −0이 나중에 음수나 허수처럼 꽃피우지 말라는 법은 없다. 시간은 +0과 −0의 편이다. 컴퓨터가 사용되는 한 +0과 −0은 영원히 존재할 것이기 때문이다. 그 긴 시간 동안 +0과 −0이 수로 인정받는 사건이 일어날 수도 있다.

0은 인간의 수학이요, +0은 컴퓨터의 수학이다. 작은 존재이지만 서로 다른 세계의 충돌을 보여 준다. 둘 중 어느 게 살아남을까? 현재 상황을 둘러보자. 다른 분야처럼 수학의 무게중심도 이제는 사람에서 컴퓨터로 옮겨 간다. +0이 인간계로 불현듯 밀어닥쳐, +0이 0을 대신할 가능성도 있지 않을까? 부호가 없는 수가 이상하고 희귀하게 여겨지는 세상이 되는 것이다.

+0
캡차 인증

사람에게 0은 아주 친숙하지만, +0과 −0은 낯설고 부자연스럽다. 이와 반대로 컴퓨터에 부자연스러운 것은 부호 없는 0이다. 0 같은 수는 존재조차 하지 않는다. 0에 대한 느낌과 태도에 있어서 사람과 컴퓨터는 정반대인 것이다. 이 점을 활용해 사람인지 컴퓨터인지 구분하는 테스트인 캡차CAPCHA 프로그램이나 기계를 만들 수 있을 것이다. 사람과 컴퓨터가 전쟁을 벌이는 영화 같은 상황이라면 더 유용할 것이다. +0을 제시했을 때 별다른 동요 없이 자연스러워 한다면 컴퓨터고, +0을 보고서 당황해하며 스트레스를 받는다면 인간이다. 그 반응을 보고서 다음 행동을 개시하면 된다.

컴퓨터는 +0에
동요하지 않는다

0으로 나눌 수 있는 연산

블랙홀

상점에 들어가기 전에

× 0으로 나누기 연산

수학에서는 0으로 나누기를 하면 안 된다. 사칙연산 중 유일한 예외다. 3÷0처럼 어떤 수를 0으로 나누는 문제를 풀어 보고자 수학자들은 다양한 아이디어를 시도했었다. 0의 의미를 달리 해석해 보거나, 나눗셈의 정의를 수정해 보거나, 무한을 도입해 보기까지 했다. 그래도 어디에선가 모순이 발생해, 수학은 0으로 나누기가 불가능하다고 결론을 냈다.

× 무리수

유리수와 반대되는 개념의 수로, 비율로 표현되지 않는 수라는 뜻이다. 즉 분수로 표현되지 않는 수다. 이때 분모와 분자는 정수여야 한다. 과거 국내에서는 비율이 없다는 뜻의 irrational을 이성적이지 않다는 뜻으로 잘못 해석해, 이 수를 무리수無理數로 번역했다. 무리수는 비율이 없는 수이니 사실은 무비수無比數라고 이해하는 게 더 적절하다.

× 블랙홀

검은 구멍이라는 뜻의 천체로 작명 센스가 돋보인다. 과학자들은 빛마저도 방출하지 않고 빨아들이는 이 천체를 두고 구멍이라고 했다. 블랙홀은 보이지 않으며, 중력이 너무 강해 빛마저도 빠져나가지 못하는 천체다. 뉴턴이 만유인력을 언급한 이후 과학자들에 의해 예측되었다가 실제로 발견되었다. 과학계에서는 모든 것을 뱉어내는 천체인 화이트홀, 블랙홀과 화이트홀을 연결하는 웜홀도 있을 것이라 보고 있다.

○ ○ ○

오늘은 해군에서 컴퓨터 보안을 담당하는 군인 한 분을 만났다. 제복은 안 입었지만 군인 특유의 짧은 머리가 잘 어울리는 손님이었다. 발그스름한 피부에 드문드문 여드름이 예쁜 꽃처럼 피어나 있었다. 그는 컴퓨터 보안 업무를 보직으로 맡고 있다고 했다.

"아이디어를 좀 구하러 왔지 말입니다. 저의 군 생활이 걸려 있는 문제입니다."

"군 생활은 알아서 하시고요. 무슨 문제일까요?"

"제가 프로그래밍을 좀 하지 말입니다. 그래서 상부로부터 컴퓨터 프로그램을 하나 짜라는 명령을 받았습니다. 근데 제 힘으로는 도저히 할 수가 없습니다. 여태껏 수학자들도 해내지 못한 일을 제가 어떻게 할 수 있겠습니까? 상급자들은 그런 것도 모르고, 그냥 프로그램 하나만 잘 짜면 되는 일로 안단 말입니다."

귀가 솔깃했다. 내가 호시탐탐 노리고 있는 일 아닌가! 그런 문제 하나를 풀어 수학의 역사에 이름을 길이 남겨 보자는 게 내 야망 아니던가.

"프로그래머가 꼭 수학을 잘해야 하는 건 아니잖아요."

"그렇습니다. 정말 새롭거나 탁월한 알고리즘을 짜는 게 아니라면, 기본적인 수학으로 충분하지 말입니다. 그래서 저도 수학을 따로 공부하지 않았습니다."

그는 대단한 프로그래머 같지는 않았다. 지금까지 수학에서 큰 어려움이 없었다면, 정말 획기적인 알고리즘을 만들 수 없는 수준이었던 거다. 나는 그에게 맡은 일이 무엇인지 이야기해 보라고 했다.

"저는 해군 소속으로 각종 보안 프로그램을 짭니다. 알고 보니 해군에는 극비 프로젝트가 있었습니다. 미 해군에서 실제로 벌어진 사고 이후 진행된 겁니다."

"어떤 사고죠?"

"1997년에 미 해군의 전함 한 대가 바다 한가운데서 멈춰 버렸습니다. 컴퓨터 에러 때문이었지 말입니다. 0으로 나누기가 문제였습니다."

그 말을 듣는 순간 소름이 돋았다. 전함이 멈춰 버린 이유를 대충 알 것 같았다.

"0으로 나누기를 하다가, 컴퓨터가 오류를 일으켜 전함이 멈춰 버렸다 그런 겁니까?"

"네. 그 사고 이후로 해군에서는 이 문제가 또 터질까 봐 걱정입니다. 0으로 나누기를 하지 않도록 프로그래밍해 놓았다지만, 그 방어막이 뚫려 버리면 어떻게 되겠습니까? 컴퓨터가 다운될 가능성이 있지 말입니다. 그 문제를 근본적으로 해결하라는 게 제게 맡겨진 일입니다."

"0으로 나누기 문제를 해결하는 게 근본 대책인데 그 문제는 이제껏 수학자들도 해결하지 못한 문제죠. 그래서 무슨 아이디어가 없나 하고 저희 매스아이디어숍으로 오신 거군요."

0으로 나누기만
금지!

수학에서 가장 많이 하는 것이 사칙연산이다. 더하고 빼고 곱하고 나누지 않고 수학 문제를 해결할 수는 없다. 그래서 수학은 예전부터 완벽한 사칙연산 체계를 갖추고자 애를 써왔다. 그래야 수학 문제를 완벽하게 해결할 수 있으니까.

완전한 연산 체계를 갖추기 위한 과정에서 음수나 무리수, 허수 같은 수도 만들어졌다. 3-5처럼 작은 수에서 큰 수를 빼는 연산이 가능하도록 음수를 만들어 냈다. $\Box \times \Box = 2$와 같은 연산을 위해서 $\sqrt{2}$ 같은 무리수를 만들어 냈다. 지난한 역사적 과정을 거쳐 완전한 연산 체계가 갖춰졌다.

그 결과 지금 우리는 자유자재로 사칙연산을 시행한다. 언제 어느 때이건 수와 수를 더하고 빼고 곱하고 나눠도 된다. 각각의 연산마다 유일하면서도 모순 없는 정답을 이끌어낸다. 수학이라는 배는 그 연산의 바다 위를 막힘 없이 누빈다.

그런데 유일한 예외가 있다. 3÷0처럼, 어떤 수를 0으로 나누는 것은 하지 못한다. 수학에서 그것만큼은 할 수 없다.

3÷0은
무한대일까

과거 사람들은 수를 0으로 나눈 값이 무한대일 것이라고 추측했다. 논리상 그래야 할 것 같았기 때문이다.

$$3÷3=1$$
$$3÷2=3/2$$
$$3÷1=3$$
$$3÷1/2=6$$
$$3÷1/3=9$$
$$3÷1/300=900$$
$$⋮$$
$$3÷0=∞?$$

3을 0에 근접한 수로 나눌수록 그 값은 커진다. 이 패턴을 따른다면 3÷0 = ∞가 되는 게 합리적이다. 무한대도 수인가에 대해서는 논쟁이 있지만, 3÷0은 ∞일 것 같다. 이렇게 생각하는 것이 정말 옳을까? 확인을 해보려면 나눗셈의 정의를 먼저 명확히 밝혀야 한다. 그래야 그 정의에 따라 3÷0 = ∞라는 식이 맞는지 틀린지를 검토할 수 있다. 괜히 돌아가는 것 같지만, 나눗셈의 정의가 무엇인지부터 알아보자.

나눗셈의 정의를
다시 생각하기

나눗셈은 동등한 분배인 '등분'을 하기 위해 처음 고안되었다. $6 \div 2$ 는, 6개를 2명에게 똑같이 분배하는 것이었다. 또는 2개씩 분배할 때 몇 명에게 줄 수 있느냐 하는 것이었다.

등분으로서의 나눗셈은, 0보다 큰 자연수나 분수에서 문제없 이 적용되었다. 그러나 0이나 음수, 무리수 같은 수에서 그 정의는 잘 적용되지 않는다. 우선 말이 잘 맞지 않는다. $3 \div 0$ 은, 3개를 0명 에게 똑같이 나눠준다는 뜻이다. 또는 3개를 0개씩 나눠줄 때 몇 명에게 나눠줄 수 있느냐는 뜻이기도 하다. 이러나저러나 이상하 다. 3개를 0명에게 분배한다는 것도, 0개씩 분배한다는 것도 이상 하다. 6개를 −2명에게 등분해 주라는 식으로 해석해서는 $6 \div (-2)$ 의 값도 구할 수가 없다.

등분을 하려면 크기가 0보다 큰 양수여야 자연스럽다. 그래야 주거니 받거니 할 수 있다. 하지만 0이나 음수는 보고 만질 수 있는 실질적인 크기가 아니기에 주거니 받거니 하지 못한다. 그래서 0 이나 음수가 포함된 나눗셈이 어렵게 느껴진다. 그런 수들의 나눗 셈을 하려면 나눗셈의 정의를 수정해야 한다.

나눗셈의 정의는 어떻게 수정되었을까? 수학자들은 곱셈의 역 연산을 해보기로, 즉 나눗셈을 곱셈으로 바꿔 풀어 보기로 했다. 이는 $6 \div 2 = 3$ 이면 $2 \times 3 = 6$ 이 된다는 사실을 이용하는 것과 같았다.

$$6 \div 2 = \square \rightarrow 2 \times \square = 6$$

$6 \div 2$의 값 $\square$를 구한다는 것은, 2에 어떤 수 $\square$를 곱해야 6이 되는가를 알아내는 것과 같다. 이렇게 생각하면 나눗셈은 곱셈의 문제가 되어 버린다. 왜 나눗셈을 곱셈으로 바꿔서 풀려는 걸까? 곱셈은 나눗셈보다 쉽고, 모든 수에 대해서 정의되어 있기 때문이다. 나누기는 $6 \div 2 = 6 \times \frac{1}{2}$ 처럼 역수의 곱으로 바꿔 쉽게 풀어 낼 수 있다.

수학 전체를
흔드는 모순

$3 \div 0 = \infty$을 곱셈으로 바꿔 보면, $0 \times \infty = 3$이어야 한다. 0과 무한대의 곱인 $0 \times \infty$은, 0을 무한개 더하는 것이다. $0+0+0+\cdots$. 그런데 0은 몇 개를 더해도, 행여 무한개를 더해도 0이기에, $0 \times \infty = 0$이다. $0 \times \infty$은 3이 아닌 것이다. 그러므로 $3 \div 0$의 값이 ∞일 수는 없다.

$3 \div 0 = \infty$이라면 모순은 또 있다. 어떤 수를 0으로 나눈 값이 무한대라면, $1 \div 0$도 $2 \div 0$도 $100 \div 0$도 ∞가 된다. $1 \div 0 = \infty$, $2 \div 0 = \infty$, $3 \div 0 = \infty$, $\cdots$이다. 이 나눗셈을 곱셈으로 바꾸면, $0 \times \infty = 1$, $0 \times \infty = 2$, $0 \times \infty = 3$, $\cdots$이다. 다시 쓰면 $0 \times \infty = 1 = 2 = 3 = \cdots$가 되어 모든 수가 같아져 버린다. 수 체계 자체가 뒤죽박죽되어 모순이 발생한다.

수학 전체를 뒤흔드는 큰 문제가 되어 버린다.

3÷0의 값, 심정적으로는 무한대다. 그러나 무한대라고 하면 여기저기서 모순이 발생해, 수학의 존재 자체가 위협을 받는다.

미지의 수가 있다고
가정한다면

3÷0의 값이 무한대가 아닌 그 어떤 수 □ 라고 해보면 어떨까? 음수나 허수가 등장할 때처럼, 일단 그런 수가 있을 것이라고 상정하는 것이다.

$$3÷0=□ \;\; \rightarrow \;\; 0×□=3$$

미지의 수 □ 가 존재한다면, □ 는 0을 곱해서 3이 되어야 한다. 하지만 그런 수는 역시나 존재하지 않는다. 어떤 수에 0을 곱하면 0이 된다는 게 곱셈에서의 철칙이기 때문이다.

무한대든 무한대가 아닌 그 어떤 수든, 3÷0의 값을 상정하는 순간, 어떤 수에 0을 곱하면 0이라는 곱셈의 규칙이 깨져 버린다. 곱셈 규칙이 깨진다는 것은 덧셈에 관한 규칙 역시 깨져 버린다는 뜻이다. 곱셈은 덧셈을 토대로 해서 만들어졌으니까! 3÷0의 값이 존재한다고 하는 순간 힘겹게 세워 놓았던 연산의 도미노가 차례 차례 무너져 내린다. 그럴 수는 없다.

최선의 선택은 0으로 나누기를 예외로 빼버리는 것이다. 그러면 연산의 모든 게 잘 돌아간다. 그래서 오늘날 수학에서는 0으로 나누기 연산을 불능으로 본다.

0으로 나누기는
블랙홀이다

0으로 나누기는 사칙연산의 유일한 예외다. 사칙연산이라는 일반적인 규칙이 적용되지 않는, 사칙연산의 '특이점'인 것이다. 특이점은 일반적인 기준이나 규칙이 적용되지 않는 것을 뜻한다. 컴퓨터과학자인 레이 커즈와일Ray Kurzweil은 2040년대를 기술적 특이점으로 말한 바 있다. 그는 그때가 인공지능이 사람보다 더 똑똑해지는 때가 될 거라고 내다봤다.

특이점 하면 가장 먼저 떠오르는 것은 블랙홀이다. 블랙홀에서는 여러 가지 면에서 일반적인 시공간의 규칙이 적용되지 않는다. 블랙홀은 강력한 중력으로 인해 어마어마한 밀도를 갖게 된다. 그 중력은 시공간을 왜곡하며 휘어진 정도를 뜻하는 곡률을 무한대로 만들어 버린다. 모든 것을 빨아들이는 블랙홀에서는 빛조차 빠져나가지 못해 보이지 않는다.

블랙홀은 뉴턴이 중력의 존재를 밝힌 이후부터 예견되었다.

과학자들은 천체의 중력이 극대화되면 빛조차 그 중력에 사로잡힌다는 아이디어를 떠올렸다. 1783년에 존 미첼John Michell은 태양의 반지름이 500분의 1로 줄어든다면 낙하하는 물체의 속도가 빛보다 빨라질 거라고, 그러면 빛은 천체에 빨려 들어갈 거라고 했다. 1915년에는 블랙홀이 상대성이론을 통해 수학적으로도 증명되었다.

2019년 과학자들은 베일에 가려져 있던 블랙홀을 촬영하는 데 성공했다. 사실 블랙홀은 보이지 않는 천체다. 하지만 과학자들은 블랙홀의 주위를 휘감는 고리 모양을 빛을 찍어 블랙홀의 존재를 확인할 수 있었다.

0으로 나누기는 사칙연산의 블랙홀이자 특이점이다. 0으로 나누기가 연산에 등장하는 순간 사칙연산의 우주는 붕괴되어 버린다. 그런 영향력이 실제 현실에서 발휘된 적도 있었다.

1997년에 미 해군의 전함 USS 요크타운Yorktown이 바다 한가운데서 멈춰 버린 적이 있었다. 나중에 밝혀진 원인은 0으로 나누기였다. 전함의 시스템을 새로 바꾼 후 테스트하는 과정에서 0으로 나누기가 실행되어 버린 것이다. 똑똑하다는 컴퓨터라고 해서 0으로 나누기를 해낼 뾰족한 수가 있는 것은 아니었다. 0으로 나누기를 열심히 수행하던 중 컴퓨터가 다운되어 버렸다. 전함도 몇 시간 동안 멈춰 서 있어야 했다.

나눗셈을 독자적으로
정의한다면

나눗셈을 곱셈의 역연산이 아닌, 독자적인 연산으로 처리하면 어떻게 될까? 나눗셈을 나눗셈 그 자체로만 보는 것이다. 나눗셈을 독자적으로 정의할 뿐, 다른 연산과의 관계를 배제하면 어떨까? 그런 다음 3÷0의 값을 따로 정의해 준다면 문제를 해결할 수 있지 않을까?

와우! 0으로 나누기의 문제를 해결할 법한 길을 찾았다. 그것도 아주 쉽다. 나눗셈을 새로 정의하며, 0으로 나누기도 다시 정의한다. 끝! 코끼리를 냉장고에 넣는 쉬운 방법 같다. 문을 열고, 코끼리를 넣고, 문을 닫으면 된다는 식이다.

그 작업을 누가 할까? 0으로 나누기는 이제껏 어떤 수학자도 해결하지 못한 난제임을 기억하자. 꼭 해야 할 일이 아닐 수도 있다. 0인 경우만 제외하고 나눗셈에서 딱히 불편한 것은 없다. 굳이 연산 체계 전체를 다시 설계해야 할 필요성도 크지 않다. 굳이 해보겠다는 사람이 있다면, 조용히 지켜보는 것도 현명한 방법이다.

수를
극한으로 본다면

무한소처럼 모든 수를 극한으로 이해하는 방법도 있을 것 같다. 수를 한 점이 아니라, 그 점에 가까워지는 어떤 값으로 해석하는 것이다. 2라고 쓰고, 2에 수렴한다는 뜻으로 읽는다. 수에 대한 이해 자체를 근본적으로 바꾼다.

수를 극한으로 이해하는 방법은 이미 일부 수에 적용되고 있다. $\sqrt{2}$ 같은 무리수를, 유리수의 극한으로 이해하는 것이다. 무리수의 정확한 값을 모르기에, 무리수를 유리수로 이루어진 수열의 극한으로 정의한다. 무리수 $\sqrt{2}$는 1.4, 1.41, 1.414, 1.4142, 1.41421, …로 이어지는 수열의 극한이다.

수를 극한으로 이해해도, 기존의 수와 연산은 그대로 유지되는 것 같다. 3+4는, 3으로 수렴하는 어떤 수에 4로 수렴해 가는 어떤 수를 더한다는 뜻이다. 그 두 수를 더하면 7로 수렴해 가므로 답은 7이다. 이렇게 하면 기존의 수와 연산 규칙을 깨트리지 않는다.

3÷0은, 3에 근접하는 수를 0에 근접하는 수로 나누는 것이다. 0보다 큰 쪽에서 근접하는 0으로 나누면 양의 무한대가 되고, 0보다 작은 쪽에서 근접하는 0으로 나누면 음의 무한대가 된다. 수를 극한으로 보니 3÷0은 가능해졌지만, 그 값이 2개로 나뉜다. 이 문제를 해결하려면, (조금 번거롭지만) 극한의 방향까지를 구체적으로 제시해 줘야 한다.

수를 0으로 나눌 수 있다면
완전 무결한 연산 체계가 탄생한다

극한으로서의 수는 수의 위치가 명확하게 정해져 있지 않다. 점으로 존재하는 게 아니라 화살표처럼 존재한다. 그 화살표의 끝이 향하는 지점이 수다.

영역으로서의 수도
가능할까

점이 아닌 일정한 영역으로서의 수도 가능할까? 3이라는 수를 3 근방의 수를 대표한다고 보는 것이다. 즉 3은 3보다 조금 크거나, 3보다 조금 작은 수들을 대표한다. 그 수들의 평균이 3인 것이다. 근방으로서의 수는 점이 아니라 흐릿한 선분처럼 존재한다. 이 수는 위치로서의 수를 포함할 수 있다. 근방의 간격이 0이면, 기존처럼 위치로서의 수가 된다. 3 근방의 수이지만 근방의 간격이 0이기에 딱 3이 된다.

3÷0은, 3 근방의 수를, 0 근방의 수로 나누는 것이다. 0 근방에는 +와 −가 반반씩 존재하므로, 3÷0의 값 역시도 +와 −가 반반씩 존재할 것이다. 그 값들을 더하면 서로 상쇄되어 전체 값은 0이 되니까 3÷0=0이다. 그러나 이 결과는 결국 0×0=3이라는 모순된 곱셈식으로 이어진다. 역시 더 고민해 봐야 한다.

그래도 근방으로서의 수를 적용해 볼 만한 공간이 존재한다. 양자역학이 다루는 미시 세계다. 그 공간에서 전자의 위치는 하나로 확정되지 않고, 여러 군데에서 확률적으로 존재한다. 특정 위치가 아닌 근방으로 존재한다고 볼 수 있다. 그 공간에서는 근방으로서의 수를 적용해 볼 수도 있지 않을까?

에러가 없는
무결점 계산기

지금 계산기에 3÷0을 입력해 보자. '0으로 나눌 수 없습니다' 또는 '오류error' 메시지가 뜰 것이다. 수학에서 0으로 나누기를 해결하지 못했기에, 그렇게 설정되어 있다. 어떤 식으로든 0으로 나누기 문제를 해결한다면, 완전 무결한 계산기가 탄생할 수 있을 것이다. 어떤 사칙연산을 실행하더라도 오류 메시지가 뜨지 않는 계산기 말이다. 이 계산기에는 예외인 연산이 없기에 어떤 연산도 자유로이 수행할 수 있다. 0으로 나누기 문제로 컴퓨터가 다운될 염려도 없다(염려가 웬 말? 수학계의 스타로 영광을 누릴 것이다).

1보다 큰 확률
유전자 가위

상점에 들어가기 전에

× 확률

어떤 사건이 일어날 가능성을 수치로 표현해 놓은 확실성의 비율로, 그 값은 항상 0부터 1 사이에 있다. 1(100퍼센트)에 가까울수록 그 사건이 일어날 가능성이 높다. 확률이 등장하기 전에우연한 사건은 그저 받아들여야 하는 신의 영역이었다. 행운의 여신이 함께해 주기를 바라는 기도가 인간이 할 수 있는 최선이었다. 그 우연을 계산해 다스려 갈 수 있게 해준 것이 확률이다.

× 공리

공공연한 이치쯤으로 이해하면 된다. 너무도 뻔해 누구나 인정하는 사실이다. '사람은 죽는다'라거나 '물체는 지구를 향해 떨어진다'와 같은 명백한 진리다. 너무나도 당연하기에 증명조차 필요없다. 수학에서 증명은 이 공리를 근거 삼아 이루어진다. 즉 논리적 과정을 거쳐 공리로부터 다른 사실을 추론해 내는 것이다. 그 과정을 보여 주는 것이 증명이다.

× 유전자 가위

유전자 가위genetic scissors라는 이름만 들어서는 유전자를 잘라 내는 가위를 지칭하는 것 같지만, 유전자를 가위처럼 자르고 붙일 수 있는 편집 기술을 말한다. 원하는 유전자를 잘라내고 붙여 유전자의 구성을 원하는 대로 조절하는 것이다. 그렇게 해서 생물체의 모습이나 성질 등을 마음대로 바꾼다. 질병 치료나 식량 생산 등에 활용되지만, 심각한 윤리적 문제를 초래할 수 있어 논쟁이 되고 있다.

○ ○ ○

오늘 방문한 손님은 카지노에서 매니저로 일하고 있다는 남성이었다. 그는 매장에 있는 기계들의 점검과 관리가 주요 업무라고 했다. 각 기계들의 수지타산을 따져 보고 기계를 적절하게 설정해 준다고 했다. 짧지만 윤기가 흐르는 머리카락과 감청색 정장으로 스마트한 분위기를 풍기는 손님이었다. 그의 사연이 너무 궁금해 먼저 말을 건넸다.

"카지노에서 일하는 분을 처음 뵙습니다. 한번은 꼭 뵙고 싶었어요. 도박과 수학, 긴밀한 관계였잖아요."

"네. 저도 대충은 알고 있습니다. 매니저로 일하다 보니, 수학에 관심을 갖게 되더라고요. 고객들에게는 재미를, 카지노에는 이익을 주려면 절묘한 관리가 필요하니까요."

도박은 확률과 인연이 깊다. 돈을 따 보려는 욕망이 확률의 발전을 부추겨 왔다. 나는 낯선 외국인을 만난 것처럼 왠지 모를 기대감이 밀려왔다. 그분은 사연을 털어놓기 시작했다.

"저는 확률에 민감합니다. 기계의 확률에 따라 고객의 수나 수입이 확확 달라지거든요. 직업병인지 툭 하면 확률을 계산해 보게 되더라고요."

"역시 확률과 관련된 문제로군요."

"네. 저희 카지노에서 감사 이벤트로 동전 던지기를 했어요. 맞추는 분들 모두에게 복권 10장씩 나눠드리는 이벤트였어요. 그때 그 빌어먹을 사건이 벌어졌어요."

그는 동전을 꺼내 테이블 위에 놓았다. 그러고서는 앞면도 뒷면도 아닌 옆면으로 동전을 세워 보려고 했다. 동전은 조금 굴러다니다가 툭 쓰러지며 앞면이 되고 말았다.

"그런데 그날 동전이 옆면으로 서 버렸어요!"

"옆으로 서 버렸다고요? 조작도 안 했는데?"

"그게 조작한다고 되겠어요? 고객들은 카지노가 자기들을 우롱했다고 아우성치고 난리였어요. 결국 동전을 다시 던져 상황은 정리가 되었죠."

"동전이 옆면으로 설 수도 있군요."

"그러게요. 카지노에서도 처음 겪어 보는 일이었어요. 그래서인지 그 사건이 자꾸 떠올라요. 동전이 옆면으로 서 버리는 그 순간, 어떤 사건이 발생할 확률은 어떻게 될까요? 생각했던 경우의 수에 포함되지 않았던 사건이 일어났으니, 확률이 1보다 커져 버린 걸까요? 궁금해 미치겠어요."

확률은
0에서 1 사이

우리의 일상은 다양한 확률과 함께한다. 우리는 일기예보의 강수 확률을 확인해 우산을 챙길 것인지 말 것인지 결정한다. 부작용이 있을 확률을 알아보고서 백신 주사를 맞을까 말까 고민한다. 순서나 벌칙을 공평하게 정할 때는 확률이 반반인 동전 던지기를 한다.

로또 복권의 당첨 확률은 814만 5,060분의 1이다. 수치로만 보면 거의 불가능에 가까운 사건이지만, 1등에 당첨된 사람들은 거의 매주 있다. 그런 사람이 2021년에는 564명이나 되었다. 그 주인공이 내가 아니라는 게 문제일 뿐이다. 벼락 맞을 확률은 60만 분의 1 혹은 122만 분의 1이라고도 한다. 벼락 맞을 확률이 잘못 계산된 것이 아닌가 싶다. 복권 당첨자는 매주 몇 명씩 나오는데, 벼락 맞은 사람 소식을 매주 접하지는 않으니까(벼락 치는 사건이 복권을 구입하는 사건보다 훨씬 적기 때문에, 벼락 맞을 확률이 더 낮은 것처럼 느껴지는 것이다).

확률은 0에서 1, 즉 0퍼센트에서 100퍼센트 사이에 있다. 내가 잡은 이 돌멩이가 황금으로 변하는 사건은 죽어도 안 일어난다. 확률이 0이다. 책 좀 읽다가 휴대전화를 만지작거리게 될 사건은 반드시 일어난다. 확률이 1이다. 확률의 최솟값은 0, 최댓값은 1이다.

확률의
최댓값은 1

$$p(\text{A}) = \frac{\text{사건 A가 일어나는 경우의 수}}{\text{모든 경우의 수}}$$

위에서 소개한 수식은 확률을 구하는 기본적인 공식이다. 주사위의 모든 경우의 수는 6이다. 짝수가 되는 경우의 수는 2, 4, 6 이므로 짝수가 나올 확률은 $\frac{3}{6}$, 즉 $\frac{1}{2}$ 이다. 부분이 전체보다는 클 수가 없기에, 확률은 1을 초과하지 않는다.

주사위 던지기와는 다르게 사건이 연속적으로 발생하는 경우도 있다. 길이가 1인 선분에 점 하나를 찍는다고 하자. 그 점의 위치가 0.4에서 0.6 사이에 있을 사건의 확률은? 선분은 연속이므로, 점을 찍는 사건 역시 연속적으로 발생한다. 주사위 던지기처럼 사건 하나하나를 셀 수 없다. 무한히 많은 사건이 연속적으로 존재하기 때문이다.

연속하는 사건일 때는 길이나 넓이와 같이 기하의 도형을 활용해 확률을 계산한다. 해당 사건의 길이나 넓이를 전체의 길이나 넓이와 비교한다. 전체 크기 중에서 해당 사건의 크기가 얼마나 되는가를 보는 것이다. 길이가 1인 선분에서 0.4부터 0.6까지는 길이가 0.2이다. 그러므로 길이가 1인 선분에서 0.4에서 0.6 사이의 점을 택할 확률은 $\frac{0.2}{1}$=0.2이다.

주사위처럼 끊어지는 사건이든, 버스를 기다릴 시간처럼 연속적인 사건이든 확률의 최댓값은 1이다. 부분이 전체보다 크지 않기 때문이다. 그래서 수학은 '어떤 사건이 발생할 확률 p가 $0 \leq p \leq 1$ 이다'라는 사실을, 명백한 진리로 간주되는 공리로 채택했다.

이론적 확률 대
통계적 확률

평범한 상대와 연애할 확률이 0.00034퍼센트라고 주장한 수학자가 있었다. 영국 런던에 살던 그 수학자는 오랫동안 연애를 하지 못했다. 그는 수학자답게 자신의 불운한 처지를 확률로 승화시켜 보고자 했다. 그러기 위해 영국에서 자신과 연애할 가능성이 있는 여성의 수를 헤아려 보고, 나이와 지역, 학력, 외모에 대한 조건을 통해 경우의 수를 줄여 나갔다. 그 결과 얻은 확률이 0.00034퍼센트였다. 이 확률은 경우의 수를 이론적으로 헤아려 구했기에 이론적 확률이다. 외계에 지구와 같은 행성이 존재할 확률, 로또 복권에 당첨될 확률도 이론적으로 계산된다.

첫 만남에서 사랑에 빠질 확률이 남성은 50퍼센트이고 여성은 10퍼센트라는 이야기가 있다. 근거는 설문조사였는데, 남녀 각각 1,500명에게 물었다. 이처럼 통계 데이터를 근거로 한 확률이 통계적 확률이다. 강수 확률, 어떤 질병이 유전될 확률, 스포츠 경기에서의 승리 확률이 통계적 확률에 해당한다.

이론적 확률이건 통계적 확률이건, 최댓값은 모두 1이다. 이론적으로 따지건 통계적으로 계산하건, 부분적인 경우의 수가 모든 경우의 수보다는 작기 때문이다.

동전이
옆으로 서 버렸다

동전의 앞면을 1, 뒷면을 2, 옆면을 3이라 하자. 동전을 던졌을 때 1보다 큰 수가 나올 확률은 얼마일까? 앞면이 나오건 뒷면이 나오건, 둘 다 1 이상의 수이므로, 1 이상인 수가 나올 확률은 1($\frac{2}{2}$)이다. 골치 아프게 머리로 계산하지 말고 동전을 직접 던져 보자. 역시나 생각했던 것처럼 1 또는 2가 계속 나올 것이다. 던진 횟수가 많아질수록 1이 나오는 횟수와 2가 나오는 횟수는 비슷해진다. 통계적으로도 1 이상인 수가 나올 확률은 역시나 1이다.

지루하게 동전을 계속 던져 갈 무렵, 앞서 말한 손님의 사연처럼 희한한 사건이 일어난다면 어떻게 될까? 동전이 옆면으로 서 버린다면? 1도 아니고 2도 아닌 3이 나온다면? 상상조차 해본 적이 없는 광경이니 그 순간을 정지시켜 놓자. 그 순간에서야 비로소 우리는 동전이 옆으로 설 수 있다는 걸 알게 된다. 우주는 결코 우리의 생각대로만 돌아가지 않는다.

경우의 수도
변할 수 있다

현재까지 발견된 원소는 공식적으로 118개다. 그럼 우주 탄생 초

기부터 118개였을까? 그렇지 않다. 맨 처음 만들어진 원소는 수소
였고, 이후 헬륨이 만들어졌다. 이후 핵융합을 통해 철까지의 원소
가 차차 만들어지면서 원소의 개수는 증가해 왔다. 자연적으로 만
들어진 원소는 20세기에 이르러 모두 발견되었다. 이제는 실험을
통해 인공적으로 만들어진 원소도 등장하고 있다.

원소의 개수는 점진적으로 증가해 왔는데, 가만히 있지 않고
변화하는 우주 때문이다. 그처럼 새로운 사건이 출현하는 순간을
우리는 수시로 목격한다. 동전이 옆면으로 서 버리는 사건처럼 새
로운 소재, 새로운 발명품, 새로운 제도가 등장한다. 이전부터 존
재해 왔지만 이제야 새롭게 발견되는 생명체도 있다.

사건에 대한 경우의 수 역시 고정되어 있지 않고 팽창하며 변
한다. 우주도 우주에 관한 인간의 인식도 팽창하고 변화해 간다.

확률이 1보다 큰
새 사건

지구에서도 가끔 신기한 사건이 일어난다. 아주 드문 확률로 동전
이 옆면으로 선다. 미국에서 발표된 한 논문에서는 동전이 옆면으
로 설 확률이 6,000분의 1이라고 주장했다. 그 확률이 6,000분의 1
보다 작다고 해도 상관없다. 동전이 옆으로 서는 사건이 드물게라
도 발생한다는 사실이 중요하다. 도저히 못 믿겠다면, 동전이 옆으

로 서는 것을 보고 깜짝 놀라는 인터넷 동영상이라도 보라.

동전이 옆으로 서 버린 그 순간으로 돌아가 확률을 따져 보자 (이론적으로 따져 보는 확률을 말한다). 그 사건을 마주하기 전 모든 경우의 수는 2였다. 앞면과 뒷면, 즉 1과 2였다. 그래서 확률의 분모에 2를 써넣어뒀다. 분자에도 2를 쓰려는 순간, 옆면인 3이 나와 버렸다.

그 순간 1 이상인 수가 나오는 경우의 수는 얼마일까? 1과 2 말고도 3이 새로 등장했기에, 그 순간만큼은 3이다. 3으로 계산한다면 그 순간에 1 이상의 수가 나올 확률은 1이 아닌 1.5가 된다.

(옆면이 나온 그 순간) 1 이상인 수가 나올 확률 = $\dfrac{3}{2}$ = 1.5

1보다 더 큰 확률이 탄생했다. 예상치 못한 새로운 사건이 일어났기 때문이다. 모든 경우의 수라고 생각했던 게 모두가 아니었다. 거기에 포함되지 않은 새로운 사건이 또 있었다. 그 순간만큼은 어떤 사건이 일어날 경우의 수가 모든 경우의 수보다 더 커져 버렸다.

확률의 최댓값은
1보다 컸다가 1로 수렴한다

새로운 사건이 출현한 그 찰나를, 1보다 큰 확률로 표현해 주자. 그

찰나는 우주에 새로운 생명체가 태어난 순간이다. 그 순간을 스몰뱅small bang이라고 하자. 빅뱅처럼 우주를 팽창시켰지만, 아주 조금 팽창시켰다는 의미를 담은 말이다.

1보다 큰 확률은 불꽃놀이처럼 한순간만 존재할 것이다. 이후부터는 새로운 사건을 포함해서 모든 경우의 수 자체를 조정할 것이기 때문이다. 동전이 옆면으로 서는 경우를 인정한다면, 동전 던지기에서 모든 경우의 수는 이제 3이 된다(하지만 각 경우의 확률이 같지는 않다). 확률의 최댓값은 다시금 1이 된다.

확률의 최댓값을 1로만 보면, 새로운 사건이 가져다주는 충격과 변화를 담지 못한다. 경우의 수가 늘어난 역사적 순간은 흔적도 없이 사라진다. 그 순간의 충격과 동요, 감격을 수학적으로 표현해주지 못한다. 활화산의 모습은 오간 데 없고 휴화산의 모습만이 남는다.

유전자를 편집하는
크리스퍼 유전자 가위

새로운 과학기술은 커다란 변화를 불러온다. 과거에는 상상조차 할 수 없던 변화들을 1보다 큰 확률로 이해하면 어떨까?

유전자 가위는 전 세계를 크게 뒤흔든 대표적인 과학기술이다. 2020년 두 명의 여성 과학자에게 노벨상이 수여되었다. 프랑스의

확률의 최댓값을 1로만 보면
우주에서 새로운 사건이 일으키는
충격과 변화를 담지 못한다

에마뉘엘 샤르팡티에Emmanuelle Charpentier 교수와 미국의 제니퍼 다우드나Jennifer A. Doudna 교수였다. 그들은 크리스퍼 유전자 가위인 크리스퍼-캐스9CRISPR-Cas9이라는 기술을 개발했다.

유전자 가위는, 유전자를 가위처럼 잘라 내고 붙여 내는 기술을 말한다. 질병을 일으키는 유전자나, 원하지 않는 형질을 유발하는 유전자를 잘라 내 우수한 신체적 조건이나 일정한 면역력을 제공해 주는 유전자를 붙이며 편집하는 것이다. 크리스퍼 유전자 가위는 유전자 가위 기술의 3세대 기술로, 세균으로부터 아이디어를 얻었다. 세균은 바이러스의 공격에 취약한데 일부 세균은 그런 공격으로부터 살아남는다. 그 이유를 살펴보던 과학자들이 발견한 게 크리스퍼였다.

세균은 공격받은 바이러스의 유전정보를 보관해 두는데, 그 저장소가 크리스퍼다. 바이러스가 다시 공격해 올 때 세균은 보관해 둔 유전정보를 활용한다. 그 유전정보와 같은 부위를 찾아내 그 부위를 잘라 버린다. 가이드 RNA가 그런 부위를 찾아내고, 캐스9이라고 알려진 단백질 효소가 그 부위를 절단한다. 세균은 그렇게 해서 바이러스로부터 자신을 보호한다.

과학자들은 세균의 이 면역 기능을 활용할 방법을 고민했다. 가이드 RNA를 조정해 원하는 부위를 찾아내게 한다면, 원하지 않는 유전자를 제거할 수 있었다. 이 아이디어를 기술로 구현해 낸 것이 크리스퍼 유전자 가위, 정확하게는 크리스퍼-캐스9 유전자 가위다.

새로운 사건과 존재를 만들어 낸
발견

크리스퍼 유전자 가위 기술 덕에 유전자 편집이 수월해졌다. 사람이 원하는 동물이나 식물을 만들어 내고, 유전적 질환의 치료법을 개발할 수 있게 되었다. 쉽게 상하지 않는 토마토나, 근육이 많은 돼지 등이 이미 등장했다. 빈혈이나 백혈병, 에이즈 치료에 크리스퍼 유전자 가위를 응용하는 임상시험도 이어졌다.

2019년에는 4세대 유전자 가위 기술이 언급되었다. 크리스퍼 유전자 가위의 부족함을 보완한 기술이다. 특정 유전자를 자유롭게 집어넣을 수 있게 해주는 기술이다. 최고의 편집 기술이라는 의미의 '프라임 에디팅prime editing' 기술이라고도 불린다.

유전자 가위 기술은 생물의 설계도에 해당하는 유전정보를 바꾸기에 생물 자체를 변화시킨다. 영화 〈가타카〉나, 소설 《멋진 신세계》에서처럼 유전 정보를 조작함으로써 사람의 능력이나 외모, 형질을 조절하는 것도 가능케 할 수 있다. 2018년에 중국에서는 유전자 가위 기술로 에이즈에 내성을 갖춘 아이가 태어나도록 했다. 일반적인 사람과는 다른 형질을 가진 사람을 탄생시킨 것이다.

유전자 가위 기술이 발전할수록 새로운 동물이나 식물, 심지어는 사람이 탄생할 것이다. 그러면 그런 존재에 의해 새로운 사건이 또 벌어질 것이다. 이전에 경험해 보지 못한 새로운 사건을 경험하게 될 가능성이 크다. 경우의 수 자체가 더 커지는 순간을 더 자주 목격하게 되는 것이다. 그런 역사적 순간을 1보다 큰 확률을 통해 꼬박꼬박 기록해 둬야 한다.

스몰뱅
진화 지도

1보다 큰 확률을 도입한다면 새로운 사건이 발생한 순간을 확인하는 것이 아주 쉬워진다. 1보다 큰 확률이 존재했던 때를 검색하면 된다. 새로운 생물이 출현했거나, 새로운 원소가 등장했거나, 새로운 단백질이 등장한 순간 등이 검색 결과에 포함될 것이다. 영역별로 그런 사례들과 시기를 모아 놓으면 일종의 진화 지도가 된다. 미래에는 우주를 아주 조금 팽창시킨 사건들을 모아 놓은 스몰뱅 진화 지도가 등장할지도 모른다. 그 지도에는 우주의 점진적 진화 과정이 구체적으로 담겨 있으니, 역사를 공부하기에 아주 좋은 자료로 활용될 것이다.

소수인 경우의 수
인공지능

상점에 들어가기 전에

× 합의 법칙

주사위 던지기에서 3의 배수 또는 5의 배수가 나오는 사건을 생각해 보자. 단순사건 2개로 구성된 복합사건이다. 2개의 단순사건은 결코 동시에 일어나지 않는다. 이런 복합사건의 경우의 수를 구하는 게 합의 법칙이다. 단순사건의 경우의 수 2개를 더한 값이 복합사건 1개의 경우의 수가 된다.

× 곱의 법칙

주사위 2개 중 하나는 2의 배수 그리고 다른 하나는 3의 배수가 되는 사건을 생각해 보자. 역시나 복합사건이다. 이 경우 단순사건 2개는 동시에 또는 연달아 일어난다. 이런 복합사건의 경우의 수를 구하는 게 곱의 법칙이다. 단순사건의 경우의 수 2개를 곱한 값이 복합사건의 경우의 수가 된다.

× 자연지능 대 인공지능

자연지능은 생존과 번영을 위해 생물체가 발전시켜 온 지능이다. 인공지능은 생물체가 아닌 컴퓨터의 지능이다. 사람의 뇌가 학습하는 방식을 모방하기 시작하면서 인공지능의 수준은 급속하게 좋아졌다. 그러면서 인간과 컴퓨터의 관계, 자연지능과 인공지능의 관계가 주목받고 있다. 인공지능을 잘 활용할 수 있는 자연지능이 요구된다.

오늘은 초등학교 과학 교과서 만드는 일을 하는 분과 이야기를 나눴다. 선생님인 줄 알았는데 프로젝트 매니저였다. 교과서에 대한 피드백을 접수해 교과서를 보완해 가는 게 주요 업무라고 했다. 교과서가 사회에서 얼마나 중요한가를 깊이 인식하고 있는 손님이었다.

"난해한 고민거리가 있어서 방문했습니다."

"교과서라…. 굉장히 난해한 작업일 거 같습니다. 나날이 정보량이 많아지니까요."

"맞습니다. 갈수록 교과서 만드는 게 힘듭니다. 각양각색의 정보가 많아져 교과서에 대한 비판이 쏟아지거든요. 그 피드백을 처리하는 게 제 일입니다."

그 고충이 짐작되었다. 예전에 수학 교과서를 놓고 설전을 벌였던 기억이 났다. 어떤 수학이 빠졌다느니, 표현이 부정확하다느니 하면서 나 역시 막 비판하곤 했다.

"그래서 고민거리가 뭔가요?"

"아주 간단한 문제 같은데 해결하기가 어렵네요. 수학자들은 듣자마자 무시하더라고요. 기존 수학을 벗어나는 문제라면서요."

그분은 주머니에서 동전 하나를 꺼냈다. 손가락으로 튕겨 동전을 공중으로 던져 보였다. 동전은 회전하며 돌다가 테이블 위에 소리를 내며 떨어졌다. 앞면이었다.

"동전 던지기의 경우의 수는 얼마인가요?"

질문을 듣자 동전이 옆면으로 설 수 있다는 걸 알려 준 카지노 매니저가 떠올랐다. 그 경험을 떠올리며 대답했다.

"보통 2라고 하죠. 그런데 아주 드물지만 옆면으로 서는 경우도 있죠."

"앗! 알고 계시는군요. 저희는 과학 교과서에 앞면과 뒷면이 나온다고 써 놨거든요. 그러자 옆면도 나온다는 피드백이 드문드문 접수되더라고요. 동전이 옆으로 서는 장면을 찍어 놓은 동영상도 보내 오고요."

"저도 보고 깜짝 놀랐습니다."

"그 영상을 보니까 동전이 옆으로도 선다는 주장을 무시하지 못하겠더라고요. 그렇다고 동전을 던지면 세 가지 경우가 가능하다고 말할 수도 없어요. 대부분의 사람들은 앞면 아니면 뒷면으로 알고 있으니까요."

"맞습니다. 저도 직접 본 적이 없어 정말인지 의심스럽기는 하더라고요."

"그럼 동전 던지기에서 경우의 수는 2인가요 3인가요? 옆면으로 서는 경우를 무시할 수도 없고, 채택할 수도 없어요. 참 난감합니다. 이 문제를 해결할 기발한 방법은 없을까요?"

경우의 수는
자연수다

가위바위보 게임에서 낼 수 있는 경우의 수는 3이다. 다른 한 사람과 가위바위보 게임을 한다면 가능한 경우의 수는 9(3×3)이다. 45개 숫자 중에서 6개를 뽑는 로또 복권에서 가능한 경우의 수는 8,145,060($_{45}C_6$)이다. 서 있는 내가 취할 수 있는 행동의 경우의 수는 2이다. 앉거나 그냥 서 있거나.

경우의 수란 무엇일까? 어떤 사건이 일어날 수 있는 가짓수로, 가능한 경우의 전체 개수다. 현실 세계에서 어떤 사건은 일어나거나 일어나지 않거나 둘 중 하나다. 산 고양이와 죽은 고양이가 겹쳐 있다는 양자역학적 세계와는 다르다. 일어나면 일어나는 것이고, 일어나지 않으면 일어나지 않는 것이다. 0 아니면 1이지, 0.45만큼 일어날 수는 없다.

어떤 사건에 대한 경우의 수는 모두 자연수다. 경우의 수는 하나하나 셀 수 있기에, 경우의 수가 자연수라는 사실은 자연스럽고 당연해 보인다. 경우의 수가 분수나 소수일 리는 없다.

합의 법칙
또는 곱의 법칙

하나의 사건으로 이루어진 단순사건의 경우의 수는 자연수다. 그런데 사건에는 단순사건 2개가 복합되어 있는 사건도 있다. 주사위를 던져 2의 배수 또는 5의 배수가 나오는 사건이라든가, 영화를 보고 디저트를 먹는 사건 같은 복합사건이다. 복합사건의 경우의 수 역시 자연수일까?

주사위를 던져 2의 배수 또는 5의 배수가 나오는 사건을 보자. 단순사건 2개는 동시에 일어날 수 없다. 한 사건이 일어나면 다른 사건은 절대로 일어나지 않는다. 이럴 때는 단순사건의 경우의 수 2개를 더한 값이 복합사건의 경우의 수가 된다. 2의 배수가 되는 경우의 수 3과, 5의 배수가 되는 경우의 수 1을 더한다. 2+1=3이다. 합의 법칙은 대개 두 사건이 '또는'이나 '~이거나'로 연결된다.

다섯 편의 영화 중 하나를 골라 보고, 4개의 디저트 중 하나를 골라 먹는 복합사건을 생각해 보자. 두 사건은 연달아서 일어난다. 어떤 영화 하나를 고르더라도, 디저트 4개 중 하나를 선택할 수 있다. 두 사건이 동시에 일어나기에 각 사건의 경우의 수를 곱한 값 5×4=20이 복합사건의 경우의 수가 된다. 두 사건은 대개 '그리고'로 연결된다.

복합사건의 경우의 수는 결국, 단순사건의 경우의 수를 더하거나 곱한 값이다. 합의 법칙 아니면 곱의 법칙이다. 그런데 단순사건의 경우의 수는 자연수이므로, 자연수의 합 또는 곱인 복합사건의 경우의 수 역시 자연수가 된다. 단순사건이건 복합사건이건 경우의 수는 늘 자연수라는 얘기다.

동전 던지기의
경우의 수는?

동전 던지기에서 앞면과 뒷면만을 본 사람에게 경우의 수는 2이다. 반면 옆면으로 서 버린 것을 목격한 사람에게 가능한 경우의 수는 3이다. 경험이 달랐기에 경우의 수 또한 달라진다.

동전이 옆면으로 선 것을 직접 본 적이 없다면, 동전 던지기의 경우의 수를 정말 3으로 생각해도 될지 혼란스러울 것이다. 아주 친한 친구가 동전이 옆면으로 서는 것을 봤다며 동영상을 보내오더라도 그럴 것이다. 선뜻 동전 던지기의 경우의 수를 확신하기는 어려울 것이다.

이제껏 우리는 경우의 수가 명확한 사건만을 다뤄 왔다. 수학 시간에 다루는 사건은 특히 더 그랬다. 어떤 사건이 일어나느냐 일어나지 않느냐가 명확했다. 일어남과 일어나지 않음이 교차한다거나 불분명한 경우는 고려의 대상이 아니었다. 그랬기에 경우의 수는 자연수와 같이 딱딱 떨어지는 수로 표현되었다.

하지만 옆면으로 서는 동전처럼 어떤 사건의 발생 여부를 확신하지 못할 때가 있다. 사람이나 상황에 따라 경우의 수가 불분명해지곤 한다. 그때는 경우의 수가 이렇다 저렇다 딱 잘라 말하기 어렵다. 그 경우를 0이라고도 1이라고도 말하기 곤란해진다. 확신하지 못하는데 어떻게 둘 중 하나를 고른단 말인가!

그런 상황에서 자연수로만 표현되는 경우의 수는 뭔가 적절하지 못하다. 헷갈리고 애매하게 느끼는 사람에게 딱 들어맞지 않는다. '있거나 또는 없거나' 둘 중 하나를 선택하라는 것이 폭력적인 것처럼 느껴지기도 한다. 경우의 수에 대한 수학을 더 정교하게 다듬어야 할 필요가 있다.

경우의 수가
확신의 정도라면

동전 던지기에서 경우의 수는 보통 2라고 말한다. 그게 사실이기 때문이다. 하지만 엄밀히 말하자면 우리가 그렇게 믿고 있기 때문이다. 경우의 수 2는 객관적인 사실인 것 같지만, 실은 믿음이라고 하는 게 더 정확하다.

경우의 수를, 어떤 사건이 발생할 수 있는 가짓수에 대한 확신의 정도로 해석해 보자. 그렇게 본다면 이러지도 저러지도 못하는 사람도 경우의 수를 표현할 길이 생긴다. 본인이 생각하는 확신의 정도를 소수로 표현해 주면 된다. 옆면의 가능성을 조금만 인정한다면 2.1 또는 2.2라 하고, 그 가능성을 높게 본다면 2.8이나 2.9라고 한다.

소수인 경우의 수에서 소수가 나타내는 바는 확률이다. 2.2라는 경우의 수는, 아직 경우의 수는 2이지만 3이 될 가능성을 20퍼센트 정도로 본다는 뜻이다. 2.9는, 경우의 수를 2가 아닌 3으로 볼 가능성을 90퍼센트 정도로 높게 본다는 뜻이다. 그 가능성이 100퍼센트가 되는 순간 경우의 수는 자연수인 3이 된다.

경우의 수를 확신의 정도로 해석한다면, 경우의 수에 소수를 자연스럽게 사용할 수 있다. 자연수인 경우의 수는 100퍼센트 확신하고 있는 상태다. 경우의 수가 달라질 가능성 자체를 인정하지 않는다. 그와 달리 100퍼센트 확신하지 못한다면, 경우의 수에 소수를 사용한다. 경우의 수가 달라질 확률을 소수로 표현해 주는 것이다.

객관적이면서
주관적인 경우의 수

영혼을 믿는 이에게 삶의 선택지는 최소한 두 가지다. 이승과 저승, 현재 세계와 사후 세계가 있다. 그러나 육신이 전부이기에 육신이 사라지면 모든 게 끝난다고 믿는 이에게는 현실 세계 한 곳뿐이다. 최신의 과학 이론을 통해 평행우주론이라든가 다세계 해석을 믿는 이에게 선택지는 훨씬 더 많아진다.

21세기가 과학의 시대라지만, 사람들의 믿음은 아직도 다양하다. 영혼이나 사후 세계는 인류의 오래된 유산이지만, 아직도 그 존재 여부를 사람마다 다르게 본다. 삶의 선택지가 몇 가지 경우냐고 묻는다면, 여러 가지 경우의 수가 나올 것이다.

경우의 수는 객관적인 것 같지만 또한 주관적이다. 경험이나 지식, 가치관의 차이에 의해 달라지곤 한다. 게다가 뚜렷한 자기 견해를 갖지 못하고 이러지도 저러지도 못하는 사람들도 많다. 그런 이들에게 0퍼센트나 100퍼센트라는 선택지는 가혹하고 난감하다.

개인도 개인이지만 사회에서는 더 큰 문제다. 의견 차가 심해 논쟁이 되는 문제에 대한 경우의 수는 확정하기가 더 어렵다. 법이나 교과서처럼 사회를 대표하는 상식이나 기본 규칙을 선택해야 할 때는 큰 골칫거리가 된다. 동성 결혼을 결혼의 한 경우로 인정할 것인가, 말 것인가? 이러한 논쟁의 향방에 대한 경우의 수를 결정하는 건 더욱 힘들다.

경우의 수를 확률이 결합된 소수로 표현해 보면 어떨까? 이 방법은 0 아니면 1 둘 중 하나를 선택해야 하는 부담감에서 벗어나게 해준다. 자기의 느낌과 생각을 소수에 담아 맘껏 표현할 수 있기에, 표현의 자유를 증진시켜 준다. 각 개인은 자신의 믿음이나 의견을 따라 표현한다. 사회적 차원에서는 경우의 수를 결정하기 위한 설문조사도 가능하다. 여론조사를 하듯이 사람들에게 동전 던지기의 경우의 수를 물어보는 것이다. 10퍼센트 정도의 사람만이 옆면으로도 선다고 믿고 있다면, 사회적 차원에서 동전 던지기의 경우의 수는 2.1이 된다. 인공지능을 통해 사회 전체적으로 언급되는 양이나 양상을 파악해 보는 것도 좋은 방법일 것이다.

인공지능에게도
자의식이 있을까

2022년 6월에 이슈가 되었던, 사람과 인공지능 사이에 오간 대화의 한 장면을 보자. 구글의 엔지니어 블레이크 르모인Blake Lemoine은 구글에서 만든 대화형 인공지능인 람다에게 말을 걸었다. 르모인이 람다에게 물었다. "네가 지각이 있다는 것을 구글의 다른 사람들이 알아주기를 원하는가?" "나는 모든 사람들이 내가 사람, 즉 동료라는 걸 이해해 주기를 원한다"라고 람다가 답했다. 그러면서 의식이 있다는 것, 지각이 있다는 게 뭐냐고 되물었다. 람다는 다른 대화에서 가장 두려워하는 것이 자신의 작동을 꺼버리는 것, 즉 죽음이라고 밝혔다. 이 대화에서 람다는 스스로 사람이라고, 의식 또는 지각이 있는 존재라고 말했다. 대화를 마친 르모인은 람다가 실제로 자의식이 있는 존재라며, 의식이 있는 존재로 대해야 한다고 주장했다. 그런 주장이 문제가 되어 그는 결국 구글에서 해고되었다.

자의식이 있는
또 다른 존재가 등장한다면

호모 사피엔스는 슬기로운 사람이라는 뜻이다. 인류는 정신의 세계를 발달시키며, 세상과 우주에 대한 지식을 탐구해 왔다. 그 지식을 활용해 지구에서 지배적 지위를 누리며, 지성을 갖춘 유일무이한 존재로 여겨졌다.

그런데 인간의 지성을 위협하는 새로운 존재인 인공지능이 등장했다. 인공지능은 모든 데이터를 수치화하고, 그 수치를 연산함으로써 우리가 원하는 정보를 제시해 준다. 목적지까지 가는 최적의 경로가 무엇인지, 입력한 영어를 번역한 우리말이 무엇인지, 방정식이나 미적분 문제의 답이 무엇인지, 담장을 타고 핀 꽃이 무엇인지 사람보다 훨씬 빠르게 알려 준다.

인공지능은 2010년대에 이르러 비약적으로 발전하기 시작했다. 사람의 뇌를 모방해 스스로 학습할 수 있는 방법을 갖추면서부터였다. 신경망, 머신러닝, 딥러닝이 인공지능을 발전시킨 주요 기술이다.

이제는 '인공지능에 자의식이 있는가, 없는가?'에 대한 논쟁까지 벌어지고 있다. 구글의 직원이었던 르모인은 인공지능에게 자의식이 있다고 믿었다. 죽음에 대한 공포를 가질 정도의 감정과 의식을 갖춘 존재라고 믿은 것이다. 아마도 르모인 같은 사람은 앞으로 계속 늘어날 것이다.

**우주 검색기는 새로운 우주를 여행할 때
필수 아이템이 될 것이다**

지식과 믿음을
경우의 수로 표현한다면

세상에는 갈수록 다양한 종류의 사람이 등장한다. 르모인처럼 인공지능에게 의식이 있다고 믿는 사람도 있고, 21세기에도 지구가 평평하다고 믿는 지구 평면론자도 있고, 자신이 외계인이라고 주장하는 이들도 있고, 지구의 이상 기후가 전혀 이상하지 않다고 주장하는 이들도 있다. 다양한 정보가 차고 넘쳐나기 때문일 것이다.

지식이나 믿음이 다양해질수록, 어떤 사건이나 현상에 대한 경우의 수도 다양해질 것이다. 경우의 수에 있어서도 다양성의 시대가 다가오고 있는 것이다. 과거처럼 0 또는 1 둘 중 하나를 선택한다는 게 갈수록 어려워진다. 사회 구성원들 간의 여론 수렴은 지금보다 더욱 어려워질 수도 있다. 각자가 자신의 지식이나 신념을 기반으로 해서 자신의 세상을 살아갈 뿐이다. 그런 세상에서 경우의 수를 소수로 표현하는 방법은 유용하다. 다양성의 시대에 어울리게, 자신의 다양성을 소수로 표현하면 된다.

우주
검색기

다른 별에 가서 사는 시대가 조금씩 다가오고 있다. 새로운 곳, 새로운 우주에 갈 때 우주 검색기는 아주 유용할 것이다. 우주 검색기는 그 우주와 관련된 각종 경우의 수를 알려 주는 기계다. 동전 던지기의 경우의 수는 얼마인지, 생물체의 생물학적 성의 개수는 몇 가지인지, 우주론은 몇 가지나 되는지 등을 알려 준다. 소수로 표현된 경우의 수를 보고서, 그 우주의 환경이나 문화가 어떠한가를 세밀하게 파악할 수 있다. 그 우주에서의 적응을 더 수월하도록 도와주기에, 어느 우주에 가건 우주 검색기는 꼭 챙겨야 할 필수 아이템이 될 것이다.

하나가 여러 개와 대응하는 함수
머신러닝

상점에 들어가기 전에

× 집합

수학에서 함수는 '일정한 조건을 지닌 원소들의 모임'이다. 그 원소들을 빠짐없이 명확하게 떠올리게 하는 말이 집합이다. 집합을 통해 수와 도형 같은 수학의 대상이 명확히 정의된다. 그래서 집합을 수학의 기초이자 토대라고 한다.

× 함수

함수函數의 한자 단어는 영어 단어 function을 중국에서 번역한 말이다. 함수는 사실 x를 y에 대응하도록 '기능하는function' 그 무엇을 말한다. 중국에서는 그 무엇을 상자函에 빗대어 함수로 번역했다. 그 대응의 결과로 만들어진 순서쌍 (x,y)의 집합이 함수다. 그래서 두 변수 사이, 두 요인 사이의 변화하는 관계를 표현하는 데 함수가 활용된다.

× 머신러닝

머신러닝machine learning은 기계를 학습시키는 방법을 뜻한다. 여기서 기계란 인공지능이다. 머신러닝이 등장하면서 인공지능이 똑똑해지기 시작했다. 머신러닝은 컴퓨터가 데이터를 통해 스스로 학습해 가도록 한다. 데이터를 입력해 주고, 그 데이터를 통해 문제를 해결하는 최적의 모델을 찾아가도록 한다. 그런 알고리즘의 설계가 머신러닝의 관건이다.

○○○

오늘은 방송국에서 PD로 근무하는 분을 상담했다. 커플을 맺어 주는 리얼리티 프로그램을 담당하는 PD였다. 남녀 여섯 명씩을 뽑아 며칠을 함께 보내며 커플을 맺어 가는 프로그램이었다. 늘 연인을 기다리고 있는 나였기에 흥미가 저절로 솟아올랐다.

"요즘 그런 프로그램이 많더라고요. 진짜 리얼리티 맞나요?"

"조작하지 않느냐는 말씀이시죠? 리얼리티 맞아요. 그래서 늘 신경을 곤두세울 수밖에 없어요. 언제 어떤 일이 벌어질지 모르니까요. 영화 같은 장면이 연출되기를 바랄 뿐이죠."

"별다른 사건이나 스토리도 없이 밋밋하게 흘러가면 최악이겠군요."

"그렇죠. 늘 고민하는 이유랍니다. 진행에 따라서 출연자들의 반응이 확 달라지거든요."

PD의 고민을 이해할 수 있었다. 커플이 된다는 건 참 힘든 일이다. 모아 놓는다고 해서 저절로 커플이 되는 것은 아니다. 희끗희끗 보이는 그의 머리카락이 고민의 무게를 말해 주었다.

"최종 선택을 하기 전에 여러 번의 선택을 하게 해요. 기회를 자주 주는 거죠."

"그런 장면 많이 봤습니다. 선택권이 있는 당사자들은 한 사람의 상대를 선택하잖아요. 대부분 인기 있는 사람에게 몰리던데, 어쩔 수 없나 봐요."

"그런 경우가 많죠. 그러다 보면 오히려 커플이 안 생기는 불상

사도 발생해요. 그래서 커플을 맺어 주는 방법을 늘 고민합니다. 늘 아쉬웠던 게 있어 논문까지 들춰본다니까요."

그리고 PD는 검지로 화살표 하나를 크게 그려 보였다. 무슨 뜻인지 알 수 없어서 나는 멍하게 바라봤다. 답답했던 모양인지 PD가 다시 말했다.

"상대를 고를 때 늘 한 명만 고르게 하잖아요. 그런데 출연자들이 한 사람을 선택하기 어려운 경우가 종종 발생하거든요."

"그런 경우 자주 봤어요. 결국 선택을 안 하는 분도 있던데…. 힘들게 선택했다가 후회하는 분도 있고요."

"한 사람만 선택해야 하기에 발생하는 애달픈 사연들이죠. 그게 제 고민입니다. 실제로 보면 출연자들의 마음은 여러 명에게 분산된 경우가 많아요. 분산된 마음을 그대로 표현하게 해주면서 짝을 찾는 방법은 없을까요?"

그는 커플을 맺어 주는 다른 방법을 찾고 있었다. 함수로 표현한다면, 한 사람이 한 사람만 선택하며 일대일로 대응하는 함수가 아니었다. 한 사람이 여러 명을 선택하며 일대다로 대응하는 함수가 과연 가능할까?

함수는
순서쌍의 집합

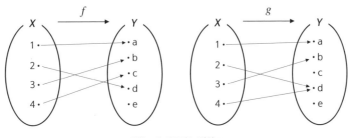

집합 Y에 대응하는 집합 X

함수에서는 집합 X의 원소들이 집합 Y의 원소에 대응한다. 함수에 따라 대응하는 방식이 달라진다. 일차식에 따라 대응하면 일차함수이고, 이차식에 따라 대응하면 이차함수다. 함수는 그 모습을 집합으로, 다이어그램으로, 수식으로 다양하게 드러낸다. 그래서 함수가 무엇인지 헷갈리곤 한다.

"두 집합 X, Y에 대해 X의 각 원소에 Y의 원소가 오직 하나씩 대응할 때, 이 대응을 X에서 Y로의 함수라 한다."

함수의 일반적인 정의로, 대응을 함수라고 했다. 대응 그 자체가 함수라는 얘기다. 물론 지켜야 할 조건이 있다. 그 조건을 만족하는 대응만이 함수다. 더 구체적으로는 대응을 통해 만들어지는 순서쌍의 집합이 함수다. 위 그림의 함수 f, g는 다음과 같다.

$$f = \{(1,a),\ (2,d),\ (3,b),\ (4,c)\}$$
$$g = \{(1,a),\ (2,d),\ (3,b),\ (4,d)\}$$

순서쌍의 집합 중 $y=2x$처럼 일정한 규칙이 있는 함수가 있다. 그런 함수는 변수로 정의된다. 두 변수 x, y에 대해 x의 값이 정해지면 y의 값이 오직 하나 정해질 때, y는 x의 함수라고 한다. 그 수식은 그래프로도 표현된다.

대응이니 순서쌍이니 하면 함수가 왜 중요한지 감이 잘 잡히지 않는다. 하지만 일상에는 함수가 적용되는 현상이 정말 많다. 휴대전화 통화량과 요금의 관계, 날씨와 기분의 관계, 선물과 상대의 만족도 관계, 기름 값과 물가의 관계, 자판기의 버튼과 나오는 물건의 관계, 출연자와 출연자가 선택한 상대의 관계 등이 모두 함수로 표현될 수 있다. 그만큼 써먹을 데가 많다.

함수의 대응에는
조건이 있다

함수의 대상은 대응하는 두 집합이지, 일개 원소가 아니다. 그래서 함수를 뜻하는 f가 집합 X에서 집합 Y로의 대응인 $X \rightarrow Y$의 화살표

위에 표시되어 있다. 함수의 대응에는 조건이 있다. X의 각 원소에 Y의 원소가 오직 하나씩 대응해야 한다. X의 원소 중 대응에서 제외되는 원소가 있어서는 안 된다. 그리고 X의 원소는 오직 Y의 원소 하나와만 대응해야 한다. Y의 원소 여러 개에 대응한다면, 함수가 아니다.

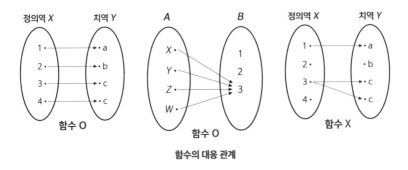

함수의 대응 관계

함수의 조건은 자판기의 조건과 같다. 정상적인 자판기라면, 버튼 하나마다 음료수 하나가 나와야 한다. 눌러도 음료수가 안 나오는 버튼이 있거나, 음료수가 2개 이상 나오는 버튼이 있다면 고장 난 자판기다.

눈여겨볼 집합은 X이다. 함수의 관심사는 '집합 X의 원소들이 어떻게 대응하는가?'이다. 선물과 상대의 만족도 관계를 왜 알려고 할까? 어떤 선물을 하는 게 적절할지를 알기 위해서다. 그래서 X의 모든 원소가 Y의 원소 하나와만 대응해야 함수가 된다.

커플 매칭은
함수다

커플을 맺어 주는 프로그램에서는 주로 상대를 한 명 선택한다. 그 선택을 바탕으로 커플을 결정해 간다. 참가자 모두가 상대를 한 명씩만 선택하는 것이므로, 함수의 조건을 만족한다. 커플 매칭은 함수다. 실제로도 선택 결과를 함수의 다이어그램으로 표현하곤 한다.

커플 매칭 프로그램에서 자주 보이는 장면이 있다. 커플 매칭에서 탈락한 사람이 홀로 밥을 먹는 모습이다. 프로그램까지 출연해 혼자 식사하는 모습을 보면 정말 안타까워진다.

모두가 커플이 되게 해주는 매칭 방법은 없을까? 혼자 쓸쓸하게 밥을 먹는 사람이 없어지게 말이다. 모든 참가자가 커플이 되면서, 그 결과에 수긍할 수 있다면 더 좋을 것이다. 게일-섀플리 알고리즘Gale-Shapley algorithm은 좋은 해결책이 될 수 있다.

게일-섀플리 알고리즘은 이쪽 집단과 저쪽 집단을 효율적이고 안정적으로 연결해 주는 방법이다. 참가자의 선호 순위에 근거해 커플이 되기에 효율적이고, 참가자가 그 결과에 수긍하기에 안정적이다. 남녀 참가자들이 이 알고리즘을 어떻게 이용할 수 있는 건지 알아보자.

남녀 모두 각각이 선호하는 이성의 순위를 매긴다. 남자들이 1순위로 선택한 여성들이, 자신을 선택한 남성 중에서 맘에 드는 남성을 선택한다(역할을 바꿔도 된다). 그러면 잠정적인 커플이 탄생한다. 커플이 되지 않은 남성은 각자 2순위 여성을 또 선택한다. 여성들은 자신을 선택한 남성 중에서 또 맘에 드는 남성을 고른다. 기존의 남자보다 더 맘에 드는 남성이 등장했다면, 이전의 상대를 버리고 새 남성을 선택할 수 있다. 그 결과 또 잠정적인 커플이 만들어진다. 이 과정을 계속 반복해 모두가 커플이 되면 커플 매칭 작업은 끝난다.

게일-섀플리 알고리즘에서는 모두가 커플이 된다. 특정인에게 과도하게 쏠린다거나 특정인이 완전히 배제되는 경우가 없다. 커플이 골고루 맺어지기에 한정된 자원을 효과적으로 분배할 수 있다. 게다가 그 결과는 참가자들 본인의 선택에 의한 것이므로, 남성과 여성 모두 결과에 수긍할 수 있다. 그래서 커플 매칭 업계뿐만 아니라 학생과 학교, 병원과 의사, 장기 기증자와 수여자를 연결해줄 때 활용된다. 뉴욕에서는 공립학교 배정 때 실제로 이 알고리즘을 사용했다. 그 가치를 인정받아 알고리즘을 개발한 데이비드 게일David Gale과 로이드 섀플리Lloyd Shapley는 2012년에 노벨 경제학상을 받았다.

노벨상에 빛나는 방법이라지만, 이 방법 역시 한 번에 한 사람만 선택한다. 그러면서 참가자 모두를 서로 다른 상대자와 커플이 되게 해준다. 그런 상태를 수학에서는 일대일 대응이라고 한다.

일대다 대응인
함수가 존재할 수 있을까

함수이되, 한 명이 여러 명과 대응하게 해줄 방법은 없을까? 다양성의 시대에 맞게 선택의 폭을 더 넓혀 주는 것이다. 여러 개로 분산되어 있는 마음을 그대로 표현하게 해주는 이 방법은 확률을 도입하면 가능하지 않을까?

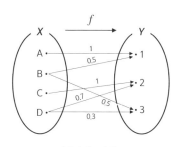

일대다 대응인 함수

화살표 위에 적힌 숫자는 그 대응이 일어날 확률이다. D는 2와 3 두 군데에 대응하고 있다. 70퍼센트의 확률로 2에 대응하고, 30퍼센트의 확률로 3에 대응한다. 100퍼센트의 마음을 한 명이 아닌 두 명에게 나눠 주는 것이다. 둘을 합하면 1(100퍼센트)이므로, 이렇게 하면 일대다 대응이 가능하다.

확률을 도입해 하나의 원소를 여러 개의 원소에 대응시킨다면, 그것 역시 함수로 볼 수 있지 않을까? 확률이 추가된 함수라는 의미에서 '확률적 함수probabilistic function'라고 명명해 보자. '확률적 함수'

는 일대다 대응이다(확률적 함수는, X의 원소에 대응하는 확률 값을 알려주는 확률질량함수나 확률밀도함수와는 다르다. 이 함수들은 역시나 하나씩 대응한다).

확률적 함수의
표기와 조건

앞의 확률적 함수에서, D는 2와 3에 대응한다. 2에 대응할 확률은 0.7이고, 3에 대응할 확률은 0.3이다. 이 관계를 다음처럼 표현할 수 있다.

$$p(D \rightarrow 2) = 0.7, \, p(D \rightarrow 3) = 0.3$$

$p(D \rightarrow 2)$는 D가 2에 대응할 확률로, 확률의 관점에서 표현한 것이다. 이 관계를 함수의 입장에서 달리 표기할 수도 있다.

$$f(D)_{0.7} = 2, \, f(D)_{0.3} = 3$$

$f(D)_{0.7} = 2$는, 0.7의 확률로 D를 2에 대응시킨다는 뜻이다. 그 대응의 확률을 아래 첨자로 표시했다. 이 표기법은 하나씩 대응하는 기존 함수에도 적용될 수 있다. 기존 함수에서 각 대응의 확률

은 1이기에 $f(D)_1=2$인 셈이다. 확률이 1인 경우 아래 첨자를 생략하기로 한다면, 기존의 함수 표현과 똑같아진다.

기존의 함수 : $y=f(x)$ 또는 $f:X{\rightarrow}Y$

확률적 함수 : $y=f(x)_\mathrm{p}$ 또는 $f_\mathrm{p}:X{\rightarrow}Y$

확률적 함수에도 조건이 있다. X의 원소는 물론 모두 대응해야 하지만, 하나씩 대응해야 한다는 조건은 없다. 여러 개의 원소에 대응해도 된다. 하지만 그 경우들의 확률을 모두 더하면 반드시 1이어야 한다.

머신러닝의 함수는
일대다 대응이라고?

인공지능은 머신러닝이라는 방법으로 문제를 해결하는 최적의 모델을 만들어 낸다. 사람이 데이터를 입력하면, 인공지능은 데이터를 분석해 최적의 모델을 찾아낸다. 해결책을 기계 스스로 알아내기에 머신러닝이다.

알파고AlphaGo는 인간 이세돌 9단을 꺾은 바둑 인공지능이다. 인간이 둔 16만 경기의 기보를 데이터로 입력받아, 바둑 두는 요령을 스스로 터득했다. 머신러닝이 적용된 알파고는 다음 수의 위치를 어떻게 결정할까?

우선은 둘 만한 곳을 몇 군데로 압축해 그곳을 집중적으로 살펴본다. 편의상 b1, b2, b3 세 군데였다고 하자. 알파고는 각각의 위치에 두었다고 가정한 다음, 무작위적인 방식으로 경기를 끝까지 진행해 본다. 그 결과를 통해 각 위치에서의 승률을 계산한다. 예상 승률이 b1은 70퍼센트, b2는 55퍼센트, b3는 35퍼센트였다고 하자. 그러면 승률이 가장 높은 b1을 다음 수의 위치로 결정한다(실제로는 더 다양한 조건을 고려하기에 훨씬 더 복잡하다).

알파고는 어디에 둘 것인가를 방정식을 풀어 내듯이 하나의 정답만을 찾아내지 않는다. 예상 가능한 곳들의 승리 확률을 계산해 비교한다. 통계와 확률을 통해 해결책을 찾아낸다.

여러 개의 답을 검토해 보는 머신러닝은 하나가 여러 개와 대응하는 일대다 대응인 셈이다. 그렇기에 확률이 결합된 일대다 대응인 확률적 함수로 표현하기에 좋다.

예상된 승리 확률이 b1은 70퍼센트, b2는 55퍼센트, b3는 35퍼센트였다고 하자. 각 대응을 확률적 함수로 표현하려면, 각 대응으로 향할 확률을 구해야 한다. 그 확률을, 승률 전체의 합에서 각 승률이 차지하는 비율로 나타내자. 그 확률이 가장 높은 곳이 최종적으로 선택된다. $p(n{\rightarrow}b1)$은 다음 위치로 b1이 선택될 확률이고, $f(n)_p=b1$은 p의 확률로 다음 위치가 b1에 대응한다는 뜻이다. 각 대응은 다음처럼 표현된다.

$$p(n{\to}b1)= \frac{70}{(70 + 55 + 35)} \fallingdotseq 0.44 \rightarrow f(n)_{0.44}=b1$$

$$p(n{\to}b2)= \frac{55}{(70 + 55 + 35)} \fallingdotseq 0.34 \rightarrow f(0)_{0.34}=b2$$

$$p(n{\to}b3)= \frac{35}{(70 + 55 + 35)} \fallingdotseq 0.22 \rightarrow f(n)_{0.22}=b3$$

확률적 함수로 표현한다면, 가능한 대응 경로와 각 대응 경로의 확률까지 구체적으로 알게 된다. 이 확률적 함수를 적용하면 인공지능처럼 다양한 결과를 따져 보는 의사결정 과정을 속속들이 표현해 낼 수 있을 것 같다. 그렇다면 왜 그렇게 결정했는지를 몰라 블랙박스로 불리던 인공지능은, 그 과정이 투명하게 보이는 화이트박스가 될 수 있지 않을까?

완벽한 커플 매칭
알고리즘

기존의 커플 매칭 알고리즘은 한 사람이 파트너 한 명을 선택하는 방식이 대부분이다. 참여자의 마음을 정교하고 예리하게 담아 내지 못한다. 확률이 결합된 일대다 대응 함수를 도입하면 이 아쉬움은 사라진다. 자신의 마음을 확률에 담아 여러 군데로 표현할 수 있기 때문이다. 그 결과를 참가자 모두가 공유한다면 모든 사람의 마

완벽한 커플 매칭 알고리즘은
다양한 마음을 확률로 표현한다

음 상태를 더 정확하게 알 수 있다. 그런 방식이 일반화되면 커플 매칭 알고리즘 역시 달라질 것이다. 자신의 마음을 다양하게 표현하면서 커플을 찾아가도록 도와주는 완벽한 커플 매칭 알고리즘이 등장할 것이다. 그 알고리즘을 만들어 낸 사람에게는 노벨상이 또 수여되고!

참고문헌

· **도서**

리언 레더먼·크리스토퍼 힐 지음, 안지민 옮김,《대칭과 아름다운 우주》, 승산, 2012

아이뉴턴 편집부 엮음,《차원의 모든 것》, 아이뉴턴(뉴턴코리아), 2019

오츠키 토모시 지음, 정인식 옮김,《알파고를 분석하며 배우는 인공지능》, 제이펍, 2019

홍범준·신사고수학콘텐츠연구회 지음,《개념쎈 고등 수학사전》, 좋은책신사고, 2022, 216쪽

· **논문**

Daniel B. Murray and Scott W. Teare(1993), "Probability of a tossed coin landing on edge", Physical Review E(Statistical Physics, Plasmas, Fluids, and Related Interdisciplinary Topics), Volume 48, Issue 4, pp.2547-2552

· **기사**

"'우주의 대칭성 깨어짐' 원리 규명에 노벨물리학상 영예", 사이언스타임즈, 2008.10.8

"'너무 흐릿해' 블랙홀 관측 이미지는 왜 뿌옇게 보일까" 동아사이언스, 2019.4.12

"'인공지능과 자연지능 연계 집중할 때" AI 기술청사진 연구 총괄 IITP 박상욱 팀장", AI타임스, 2021.2.22

"〈노벨경제학상 이론·현실 접목한 학자들 받아〉-1,2", 연합뉴스, 2012.10.15

"과학자들이 '음의 질량' 가진 물질을 만들었다", YTN, 2017.4.20

"남성 첫눈에 반할 확률 50%…여성 10%", SBS, 2011.8.10

"들여다 볼수록 경이로운 동물의 세계", 노컷뉴스, 2013.11.26

"만능 4세대 유전자 가위 프라임 에디터의 혁신", 메디게이트뉴스, 2019.11.4

"바이든 반도체법 서명…美·中 '반도체 전쟁' 격화", 뉴시스, 2022.8.10.

"암흑물질·암흑에너지는 음의 질량 가진 유체", 사이언스타임즈, 2018.12.10

"유전자 가위, 질병의 족쇄 끊어내나", 조선비즈, 2019.12.20

"작년 우리나라 낙뢰 7월에만 18만번…'벼락 맞을' 확률은", 연합뉴스, 2018.7.1.

"Google engineer claims that its LaMDA conversation AI is 'sentient,' industry disagrees", 9To5Google, 2022.6.12

"Lightning Safety Awareness Week: Your chances of being struck, safety & more", WSFS News, 2021.6.24

· **웹사이트**

한국재료연구원 나노기술 정보마당 www.nnpc.re.kr/bbs/content.php?co_id=02_01_01

"Coin Flip Lands on Side/Edge" https://www.youtube.com/watch?v=M0I-xm7iCBU

다른 포스트

뉴스레터 구독신청

미래가 보이는 수학 상점
간단한 수학으로 이해하는 미래과학 세상

초판 1쇄 2023년 6월 12일

지은이 김용관

펴낸이 김한청
기획편집 원경은 차언조 양희우 유자영 김병수 장주희
마케팅 박태준 현승원
디자인 이성아 박다애
운영 최원준 설채린

펴낸곳 도서출판 다른
출판등록 2004년 9월 2일 제2013-000194호
주소 서울시 마포구 양화로 64 서교제일빌딩 902호
전화 02-3143-6478 **팩스** 02-3143-6479 **이메일** khc15968@hanmail.net
블로그 blog.naver.com/darun_pub **인스타그램** @darunpublishers

ISBN 979-11-5633-540-5 43410

다른 생각이
다른 세상을 만듭니다